Madujith Sagara Chandra
Kasun Nandapala
K.A.B. Weerasinghe

Vaasthu, Feng-Shui, Crenças Tradicionais Vs Engenharia Civil

Madujith Sagara Chandra
Kasun Nandapala
K.A.B. Weerasinghe

Vaasthu, Feng-Shui, Crenças Tradicionais Vs Engenharia Civil

SciencíaScripts

Imprint

Cover image: www.ingimage.com

This book is a translation from the original published under ISBN 978-620-2-05837-7.

Publisher:
Sciencia Scripts
is a trademark of
Dodo Books Indian Ocean Ltd. and OmniScriptum S.R.L publishing group

120 High Road, East Finchley, London, N2 9ED, United Kingdom
Str. Armeneasca 28/1, office 1, Chisinau MD-2012, Republic of Moldova, Europe
Printed at: see last page
ISBN: 978-620-7-99145-7

ÍNDICE DE CONTEÚDOS

DEDICAÇÃO

Este livro é dedicado aos meus queridos pais e a todos os professores, conferencistas ou académicos que fazem um excelente trabalho nos domínios do ensino e da investigação, prestando um serviço notável aos alunos.

RECONHECIMENTO

Uma vez que este livro é um dos resultados da minha investigação de mestrado, gostaria de transmitir a minha mais profunda gratidão às pessoas que me ajudaram também nessa fase. Este é um produto meu, do Dr. Kasun Nandapala, que é o meu supervisor, do Eng. K.A.B. Weerasinghe e Eng. D.N. Gunasekara.

Tenho de expressar a minha gratidão à Dra. Sumnda Ranasinghe, ao Sr. D.A. Thevathason e ao Eng. Pasindu Weerasinghe pelos inestimáveis apoios.

As ajudas e apoios dados pelos meus colegas, associados e indivíduos, tais como o Sr. Janaka Priyantha, o Sr. Nirmala Madu Sagara, a Srta. Kaushi Dissanayaka, Miss Rizna Arooz, devem ser altamente reconhecidos.

Gostaria também de expressar a minha sincera gratidão aos meus pais por terem sido uma força e um incentivo para a realização desta tarefa.

LISTA DE ABRIGOS

BM – Bending Moment

BS – British Standards

CFD – Computational Fluid Dynamics

FEM – Finite Element Modelling

HVAC – Heating Ventilation and Air Condition

SF – Shear Force

CAPÍTULO 1

1.1. Antecedentes do estudo

Todos os seres do mundo, como os seres humanos, todas as espécies de animais, todas as espécies de insectos ou qualquer tipo de organismos, precisam de locais seguros para viver. O objetivo final destes lugares é a proteção contra as alterações climáticas e os ataques inimigos. O dom mais valioso, o poder de pensar do ser humano, tornou-o superior aos outros seres que o rodeiam (Nehru, 1930). Embora o homem antigo vivesse em cavernas, covas e cabanas construídas no topo de árvores enormes na selva, caçando animais nos períodos em que eram selvagens, a evolução gradual converteu-o num ser doméstico chamado "agricultor". Como resultado, as pessoas acabaram por se deslocar das cavernas para locais abrigados e bem preparados (Patra, 2006). Com o passar do tempo, esses locais passaram a chamar-se casas, que representam locais de habitação para os seres humanos. Estes são os locais sempre adequados para os seres humanos habitarem confortavelmente e um local que assegura um excelente equilíbrio entre o homem e a natureza, o que traz paz, felicidade, saúde, riqueza e prosperidade aos habitantes da casa (Koralage Dayarathna, 2010; Ulusoy & Kuyrukcu, 2012).

Esta casa é o local onde qualquer família passa a maior parte do tempo importante, precioso e valioso das suas vidas. Por exemplo, os médicos passam mais de metade do dia nos hospitais, os engenheiros passam semanas, meses e anos nos seus locais de trabalho e os professores passam muito tempo nas universidades, mas nenhum destes locais é a casa de nenhum dos profissionais acima referidos. Uma vez que é o local onde as pessoas passam os momentos mais preciosos das suas vidas com os seus familiares queridos, as casas são consideradas locais sagrados como santuários (Aponso Kithsiri, 1995; Wattage Jeewa Bhanumathie, 1995). Por esse motivo, as pessoas fazem um enorme esforço para construir a casa dos seus sonhos, de modo a corresponder a todos os seus desejos e aos dos seus familiares.

Para atingir os seus objectivos, as pessoas utilizam vários tipos de recursos de conhecimento, como os conhecimentos de engenharia civil e arquitetura e os costumes e crenças tradicionais na construção de edifícios. Como resultado do desenvolvimento da ciência e da tecnologia, as pessoas utilizam habitualmente conceitos de engenharia civil e arquitetura para as actividades de construção de casas. Estes conceitos referem-se à designação do espaço e à criação e construção do espaço necessário para facilitar a vida quotidiana das pessoas, bem como à ciência da construção e à conceção do ambiente construído. Embora a ciência e a tecnologia se encontrem num nível elevado na época contemporânea, as sombras dos costumes e crenças tradicionais podem ser observadas na maior parte dos domínios, como a construção civil, o planeamento urbano e rural, a medicina, etc. Do mesmo modo, as pessoas não abandonaram totalmente os costumes e crenças na construção de casas, que consistem em diferentes ramos, como a Arquitetura Antiga, a Astronomia, o Vaasthu Shastra e o Feng-Shui. Estas crenças na construção de edifícios, que tiveram início a partir de experiências obtidas pelas actividades diárias dos nossos antepassados, afectaram fortemente a vida das pessoas e espalharam-se pela sociedade. Duraram anos e anos, permanecem com ligeiras alterações, provando que se misturaram com a sociedade.

Os costumes e crenças que foram adaptados na construção de edifícios desde tempos antigos, diferem em função dos parâmetros climáticos, religiosos e culturais. Alguns deles foram rotulados como superstições e foram rejeitados pela sociedade; mas a maior parte deles, que passaram de geração em geração com ligeiras diferenças, continuam a ser praticados, provando que têm algum tipo de importância (Frenando W.L.R., 1998; Guptha, 2015; Koranteng, Afram, & Ayeke, 2015; Rudski, 2003)

Quase todos os costumes e crenças na construção de edifícios foram influenciados e baseados no Vaasthu Shastra, no Feng-Shui e em várias considerações religiosas da sociedade. O Vaasthu Shastra, que pertence ao período de 1500-1000 a.C. (Glazer, 1978; Guptha, 2015; Koranteng et al., 2015; Mak & Thomas Ng, 2005; Patra, 2006, 2009; Ranjeet.P et al., 2016) é um antigo conhecimento indiano, bem como uma ciência da arquitetura, do planeamento e do design. A palavra Vaasthu deriva originalmente da palavra-chave "vas", que significa habitação ou local de habitação, da mesma forma que o termo Vaasthu designa um local de habitação humana mais do que uma vida doméstica. O Feng-Shui é uma antiga sabedoria chinesa que significa literalmente "vento e água" e que influencia a disposição e a conceção das cidades e dos edifícios (Mak & Thomas Ng, 2005). O conceito de Feng-Shui nasceu na China e espalhou-se pelos países ocidentais, podendo ser visto atualmente em todo o mundo.

Os conceitos Vaasthu e Feng-Shui difundiram-se mais nos países asiáticos do que nos países ocidentais e europeus. A principal razão pode ser a influência religiosa. No entanto, os povos ocidentais têm os seus próprios costumes e crenças no que respeita à construção de edifícios, principalmente para a construção de casas, mas não são tão fortes como os conceitos dos países asiáticos. A razão para essa diferença reside nos valores espirituais atribuídos às influências religiosas dos países asiáticos (Ranawaka Leelananda A.R., 2015; Manawadu S., 2014; Weerasinghe K.A.B., Janaka K.G. e Galappaththi M.P., 2011)

No mundo moderno, os conceitos de Engenharia Civil e de Arquitetura são principalmente aplicáveis a qualquer atividade de construção. Esses conceitos referem-se à designação do espaço e é a arte de criar e construir o espaço necessário para facilitar a vida quotidiana dos seres humanos, utilizando a ciência da construção e projectando o ambiente construído (Patra, 2009; Ranawaka Leelananda A.R., 2015). Embora o mundo e a tecnologia se tenham desenvolvido muito, as pessoas não abandonaram os costumes e crenças tradicionais em relação à construção de edifícios (Mak & Thomas Ng, 2005)

Os costumes e as crenças afectam significativamente a vida quotidiana das pessoas que vivem nos países asiáticos e estas pessoas obedecem a vários rituais na maior parte da sua rotina diária. Da mesma forma, o domínio da construção civil também foi influenciado por esses costumes e crenças. De acordo com as lendas, as antigas Dagobas, Stupas e Fortalezas como Sigiriya foram construídas com o conhecimento dos antigos costumes e crenças da construção civil (Koralage Dayarathna, 2010; Ranawaka Leelananda A.R., 2015). Apesar de algumas pessoas retirarem esses conceitos, rotulando-os de superstições e mitos, eles têm um significado forte e inestimável. As estruturas antigas, como as Dagobas do Sri Lanka, as pirâmides do Egito e muitas outras, são um bom exemplo disso, mas, infelizmente, a maioria das pessoas desconhece a tecnologia e os conhecimentos preciosos que existem nesses costumes e crenças.

No domínio da construção civil, é possível encontrar uma série de costumes e crenças, que podem ser observados em construções de pequena escala, como a construção de casas, do que em construções de grande escala, como edifícios de vários andares (Ranjeet.P, Narshima Rao.D.V.S., & Md. Akram Ullah Khan, 2016; Wattage Jeewa Bhanumathie, 1995). Estas crenças tiveram início a partir das experiências obtidas nas actividades quotidianas dos povos antigos, também conhecidos como os nossos antepassados, como já foi referido.

A maior parte desses costumes e crenças têm significados sólidos e beneficiam tanto as pessoas como a sociedade e alguns deles já estão desactualizados e não têm qualquer significado. Ter alguma crença nesses conceitos não é prejudicial, mas ser escravo de costumes e crenças é extremamente prejudicial para os indivíduos e para a sociedade como um todo. O mais importante não é "aquilo em que as pessoas acreditavam", mas "quais são os significados e os antecedentes dessas crenças e como podem ser utilizados para ajustar a vida quotidiana das pessoas". Quase todas as crenças foram influenciadas pelo Vaasthu Shastra, pelo Feng-Shui e pelas considerações religiosas do país (Manawadu S., 2014; Weerasinghe K.A.B. et al., 2011). O Vaasthu Shastra é um antigo conhecimento indiano, bem como uma ciência da arquitetura, do planeamento e do design. A palavra Vaasthu deriva originalmente da palavra-chave "vas" que significa habitação ou lugar de habitação e o Vaasthu Shastra é um dos recursos de conhecimento ricos em elementos importantes para a construção de uma casa. O Feng-Shui é uma antiga sabedoria chinesa que significa literalmente "vento e água" que influenciam a disposição e o desenho das cidades e dos edifícios, como já foi referido. De qualquer forma, hoje em dia podemos ver que estes conceitos se misturaram.

Entre essas crenças, algumas foram rotuladas de superstições e foram rejeitadas pela sociedade e outras não. As superstições podem fazer parte da cosmologia e dos mitos, como as para-religiões ou as práticas religiosas de crenças adoptadas pelas pessoas, que têm medo dessas coisas, pensando que não as obedecer e não as praticar trará resultados mortais que terminarão na morte (Coote, 1883; Huang, 2012; Rudski, 2003). Ser escravo de qualquer crença não é bom. Se houver significados úteis dessas crenças, o ideal é usá-las para as tarefas do dia a dia. De qualquer forma, vale a pena estudar as explicações de engenharia de crenças importantes selecionadas.

Foram feitos vários estudos arquitectónicos e científicos e foram dadas explicações sobre as crenças na construção de edifícios. Mas não é possível encontrar qualquer investigação profunda em termos de contexto de engenharia relativamente aos costumes e crenças na construção de casas. Por conseguinte, tornou-se necessário lançar um estudo aprofundado, bem como uma análise sobre estes costumes e crenças na construção de edifícios e o seu significado em termos de engenharia. Quando um engenheiro civil tem um conhecimento sólido desses costumes e crenças na construção de edifícios, bem como da tecnologia de engenharia moderna, pode convencer os seus clientes do verdadeiro significado dos mesmos e da forma correta de os utilizar em projectos modernos, prestando assim um enorme serviço à sociedade.

Realizámos um estudo aprofundado para descobrir os costumes e crenças na construção de casas e investigar os seus significados com a ajuda da tecnologia de engenharia moderna e discutir como podem ser utilizados eficazmente nas construções modernas. Através deste livro, os leitores têm a oportunidade de compreender os costumes e crenças na construção de casas com uma mente racional aberta.

1.2. Motivação

Acreditar cegamente nos costumes e crenças tradicionais na construção de edifícios é muito prejudicial para os indivíduos e para a sociedade em geral. Quando se constrói uma casa ou um edifício, pode haver milhares de casos que não correspondem aos costumes e crenças tradicionais. Alterar a construção de modo a satisfazer quase todos esses costumes é um enorme desperdício de dinheiro e de tempo. De facto, é um esforço impossível. É preferível utilizar os costumes e crenças mais importantes que têm significado para a engenharia das construções, mas sem sermos escravos deles. Isto significa que devemos usar esses conceitos sem deixar que eles controlem as nossas mentes. No verdadeiro sentido da palavra, trata-se de uma tarefa psicológica. Isso levará a criar uma casa mais durável com uma quantidade de dinheiro acessível dentro de um tempo limitado.

1.3. Objectivos

O objetivo final é explorar o significado para a engenharia dos costumes e crenças na construção de edifícios. Os objectivos específicos deste estudo são os seguintes

- Para obter informações sobre os costumes e as crenças na construção de edifícios que estão enraizados entre as pessoas
- Para obter uma imagem clara da popularidade dos Costumes e Crenças entre os intervenientes na construção de edifícios
- Verificar a influência de costumes e crenças selecionados em relação aos edifícios que utilizam tecnologia de engenharia
- Propor os aspectos (em vez dos aspectos normais da Engenharia Civil) que devem ser tidos em conta na construção de um edifício

1.4. Metodologia

- Foi realizada uma pesquisa bibliográfica para descobrir os costumes e crenças na construção de edifícios e a sua prática atual
- Foi realizado um inquérito por questionário para recolher informações sobre os costumes e crenças mais utilizados pelos intervenientes na construção de edifícios (o inquérito por questionário é apresentado no apêndice i)
- Foram selecionadas algumas das crenças mais importantes e principais e a sua influência foi

avaliados através da tecnologia de engenharia

- Os costumes e crenças com e sem significado para a engenharia foram claramente identificados
- Foi discutida a importância de utilizar os costumes e as crenças que contêm o

significado da engenharia para a construção de edifícios

Uma vez que esta é a primeira parte do livro. Pode encontrar muitos factos importantes sobre os costumes e crenças na construção de casas, mas as análises técnicas que foram feitas utilizando software de Engenharia Civil não foram incluídas aqui. Estas serão publicadas na segunda parte do livro.

CAPÍTULO 2

2.1. Introdução à revisão da literatura

Os costumes e as crenças podem ser amplamente observados no domínio da construção de casas do que na construção de edifícios de vários andares. No passado, as pessoas dispunham de espaço suficiente para construir as suas habitações e podiam construí-las de acordo com a maior parte dos costumes e crenças relativos à construção de edifícios. Atualmente, porém, as pessoas dispõem apenas de um pequeno espaço no solo para construir as suas habitações, bem como edifícios de vários andares. De acordo com os conceitos tradicionais de construção de edifícios, há uma série de parâmetros a ter em conta antes de projetar uma casa ou um edifício. Mas construir uma casa que corresponda a cada um dos conceitos tradicionais não é uma coisa prática dentro do pequeno espaço limitado do terreno (Amarasooriya; Arya, 2000; Dash & Vasudev, 1998).

De acordo com os conceitos tradicionais, a pessoa que vai construir uma casa, tem de se preocupar com os costumes e crenças em muitos locais e em muitos eventos da construção. São eles;

- Seleção de um terreno para construção
- Definição, traçado das fundações e preparação do terreno
- Construção de paredes, pavimentos e telhados
- Colocação de portas, portão principal, janelas e outras aberturas
- Colocação da fossa séptica, do tanque de água e das escadas
- Dividir a área útil em divisões

(Manawadu S., 2014)

2.2. Objectivos

O objetivo da revisão da literatura era recolher informações sobre os costumes e crenças na construção de edifícios que foram recolhidos no passado pela sociedade. Os objectivos específicos da revisão da literatura são os seguintes

- Identificar os costumes e as crenças mais comuns em matéria de construção de edifícios
- Identificar a situação atual e o aspeto das crenças
- Identificar as razões para obedecer a essas crenças
- Identificar os maus resultados decorrentes da não observância das crenças

2.3. Metodologia

A informação sobre os costumes e crenças na construção de casas foi recolhida com a ajuda de livros do Vaasthu Shastra do Sri Lanka e da Índia, artigos de investigação sobre o Vaasthu Shastra e o Feng-Shui, publicações sobre arquitetura tradicional e métodos de construção antigos e palestras e conferências realizadas em universidades.

2.4. Resultados globais

Durante a pesquisa bibliográfica, foi recolhida uma enorme quantidade de informação. Algumas eram importantes para o estudo e outras não. A maior parte das pistas dizia respeito à construção de edifícios de pequena escala, como a construção de casas, o que prova que os costumes e as crenças são utilizados principalmente na construção de edifícios de pequena escala e não na construção de edifícios de grande escala. As informações mais importantes que foram obtidas são as seguintes

2.4.1. Aspectos a ter em conta na construção de uma casa

2.4.1.1. Seleção de um terreno

Quando alguém vai comprar um terreno ou escolher um terreno, é necessário ter em conta as circunstâncias ambientais, arquitectónicas, jurídicas e arqueológicas (Koralage Dayarathna, 2010). Os regulamentos da UDA (Urban Development Authority) também devem ser considerados.

Locais onde;

- A água da chuva é sempre recolhida

- Nas margens dos rios e nas zonas de alagamento
- terrenos baixos e elevados
- terrenos próximos de florestas, fábricas, cemitérios e aeroportos

Não são favoráveis à saúde das pessoas. Por conseguinte, estes terrenos não devem ser selecionados para a construção de habitações. As infra-estruturas também devem ser consideradas. Deve haver telefone, eletricidade, transportes e outras facilidades para as pessoas que se vão instalar.

Os tipos de terrenos listados não são geralmente adequados;

- Os terrenos aterrados não são adequados, uma vez que a capacidade de suporte do solo é menor. Se for utilizado um terreno deste tipo, deve ser efectuado um tratamento adequado do solo antes da construção
- Os terrenos inclinados necessitam de uma preparação artificial do solo ou da colocação de fundações em degraus

A figura 2.1 apresenta a vista de um terreno aterrado;

Figura 2-1. Terreno aterrado

A vista de um terreno inclinado é a apresentada na figura 2.2;

Figura 2-2. Terreno inclinado

A utilização de ambos os tipos de terrenos é muito dispendiosa. Por conseguinte, os terrenos inclinados e os terrenos aterrados não são adequados para a construção de casas. Os terrenos planos são os mais adequados para a construção de qualquer edifício (Koralage Dayarathna, 2010; Ranawaka Leelananda A.R., 2015).

Mas hoje em dia, mesmo uma terra aterrada não é fácil de encontrar. As crenças tradicionais rejeitam totalmente este tipo de terrenos, uma vez que, nessa altura, havia uma grande quantidade de terrenos favoráveis. Como resultado da escassez de terras, as pessoas em países como a China, tendem a construir as suas casas na água também. Seja como for, temos de construir as nossas casas. Temos de pensar "fora da caixa" e temos de utilizar o terreno existente e as casas têm de ser construídas utilizando a tecnologia de construção, eliminando as fraquezas do terreno.

De acordo com os conceitos tradicionais, a forma do terreno desempenha um papel importante na seleção de um terreno para construção. Segundo eles, os terrenos quadrados, rectangulares e circulares são auspiciosos e os terrenos com outras formas trazem má sorte para as pessoas que vivem na casa (Koralage Dayarathna, 2010; Ranawaka Leelananda A.R., 2015).

Os tipos de terrenos favoráveis, segundo o Vaasthu Shastra, são os indicados na figura 2.3;

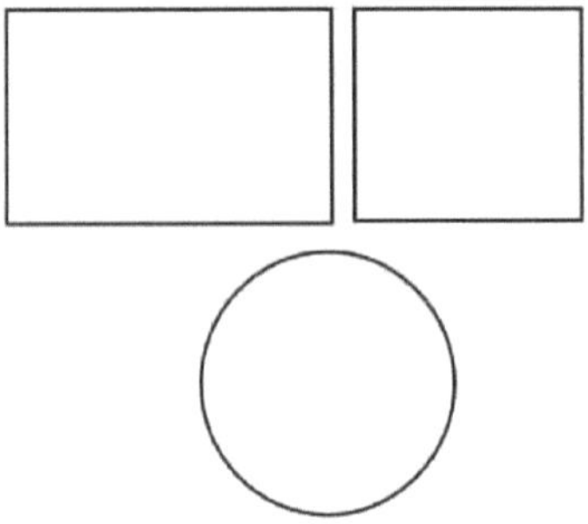

Figura 2-3. Formas favoráveis para as terras

Os tipos de terrenos desfavoráveis, segundo o Vaasthu Shastra, são os indicados na figura 2.4;

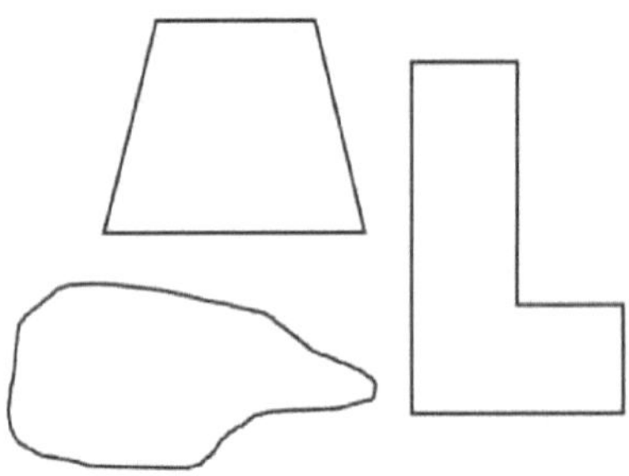

Figura 2-4. Formas desfavoráveis para os terrenos

Mas o conceito acima mencionado é muito difícil de ser praticado devido à escassez de terras.

As faces de um terreno/lote têm os seguintes efeitos, de acordo com os costumes e as crenças;

- Um terreno virado a nordeste é favorável para habitações, fábricas e escritórios
- Os terrenos virados a Noroeste são favoráveis para sítios comerciais, empresariais e industriais
- As terras viradas para sudeste são favoráveis às indústrias químicas, petroquímicas e relacionadas com a eletricidade
- Terrenos virados para a estrada do Oeste trazem fama e popularidade aos

proprietários

- Terrenos virados para uma estrada do Sul são favoráveis para empreendimentos comerciais
- Os terrenos virados para as estradas do Norte e do Leste são bons para a prosperidade geral
- Os terrenos virados para as estradas Este e Sul auguram prosperidade para as mulheres residentes
- Os terrenos virados para as estradas do Sul e do Oeste, bem como os virados para as estradas do Norte e do Sul, proporcionarão uma fortuna moderada
- Os terrenos virados para as estradas do Oeste e do Norte são considerados terrenos prósperos
- Os terrenos com três lados de estrada, um dos quais dá para um fim de estrada ou com um cruzamento em T, são considerados terrenos não ideais ou fracos
- O melhor terreno de todos é o lote que dá para as estradas de todos os lados

("13 superstições sobre a casa e o lar", 2013, *101 Quick Vaasthu Tips To Harmonize Your Home*; Vaasthu Shastra.com gratuito).

Algumas das crenças acima mencionadas parecem ter significado para a engenharia e outras não. De facto, termos como "boa sorte e má sorte" não podem ser definidos com recurso à engenharia. No entanto, rejeitar tudo isto e rotulá-las como superstições não é bom. Também há algo a absorver destes conceitos. As margens das estradas públicas devem ser tidas em conta na seleção dos limites das construções. Ninguém pode ter um terreno que satisfaça todas as condições acima referidas; o mais seguro e favorável é selecionar um terreno que tenha, pelo menos, os principais requisitos de engenharia, como a capacidade de suporte do solo e as condições do terreno.

2.4.1.2. Início da construção de uma casa

A casa não é uma construção temporária. Deve ser construída para que as pessoas vivam confortavelmente e com a máxima proteção. Por isso, desde o início da construção de uma casa, é possível observar uma série de regras tradicionais. Uma vez que os seres vivos vão habitar a casa, não devem ser permitidas quaisquer falhas estruturais ou de construção.

Seguem-se os costumes e crenças relacionados com o início da construção de casas;

Escavação para fundação

- A escavação deve ser iniciada a partir do canto nordeste
- É aceite a escavação da fundação tanto no sentido dos ponteiros do relógio como no sentido contrário ao dos ponteiros do relógio
- Pedras adicionais a sul, sudoeste, oeste, noroeste, nordeste e leste são direcções auspiciosas

No passado, a escavação era apenas manual, devido à falta de escavadoras. Mas atualmente as escavadoras estão disponíveis e as escavações para fundações podem ser feitas em pouco tempo. Na verdade, o facto é que são utilizadas várias escavadoras para tornar o trabalho mais rápido. Neste caso, as regras tradicionais são violadas. Do meu ponto de vista, os rituais das escavações para fundações estão desactualizados e é melhor lidar com a tecnologia mais recente.

A escavação manual para as fundações é a indicada na figura 2.5;

Figura 2-5. Escavação manual para fundações

A escavação mecânica para as fundações é a indicada na figura 2.6;

Figura 2-6. Escavação mecânica para fundações

Construção de fundações

- A construção da fundação deve ser iniciada a partir da direção sudeste
- A fundação não deve ser colocada sobre a pedra fundamental cerimonial
- Não é auspicioso colocar portas ou janelas por cima da pedra de fundação cerimonial

(Manawadu S., 2014)

Coisas como colocar a pedra fundamental cerimonial no momento auspicioso correto são chamadas rituais (Vaasthu Shastra.com gratuito). Como a nossa cultura foi equipada com esses rituais, aproximamo-los automaticamente das nossas vidas. Na verdade, esses rituais não são prejudiciais, mas tornar-se escravo desses rituais é muito prejudicial. No entanto, a seleção do tipo de fundação que corresponde ao tipo de solo existente deve ser feita após uma investigação do solo e com os projectos de engenharia.

Antes de mais, as raízes das árvores e os detritos devem ser totalmente removidos. Para terrenos normais com capacidade de carga moderada, são adequadas fundações em faixas. Quando o solo se torna pobre em capacidade de suporte, devem ser utilizadas fundações de betão armado ou fundações de almofadas individuais. Se a capacidade de suporte for demasiado baixa, devem ser utilizadas fundações em jangada. As fundações de estacas não são utilizadas para casas normais. Depois disso, a impermeabilização, o enchimento e o revestimento do chão devem ser feitos de acordo com o método de engenharia civil e não de acordo com os costumes e crenças tradicionais (Koralage Dayarathna, 2010).

2.4.1.3. Paisagismo

Figura 2-7. Paisagismo

No mundo moderno, o paisagismo desempenha um papel importante na construção de casas. Também se desenvolveu como uma profissão específica separada. No entanto, também podemos ver costumes e crenças relativamente a esta categoria. São os seguintes: (Manawadu S., 2014)

- O sapu, a papaia, o damão e o plátano são árvores auspiciosas para os jardins domésticos
- As árvores com seiva láctea, com espinhos e que dão frutos não são auspiciosas e não devem ser cultivadas no recinto ou no jardim
- A figueira-de-bengala é auspiciosa para o leste, mas a árvore Bo é inauspiciosa para essa direção. A árvore Boo, a leste, trará medo e as árvores Sapu, a leste, trarão tristeza
- A árvore Jak é auspiciosa para o sul. Outras árvores mais altas são desfavoráveis para o sul, a árvore Pulila (parasita) no sul trará pobreza para a casa

- A árvore Attikka é desfavorável para o Norte e provoca doenças oculares
- A figueira-de-bengala é auspiciosa para o Ocidente
- As árvores mais altas são desfavoráveis para o pátio
- Siyambala, Delum, Nilkatarolu, árvores espinhosas, árvores de madeira macia, plantas com flores de cor vermelha, coco rei e Pathok, são altamente desfavoráveis para plantar em frente ao escritório
- Árvores de madeira macia em frente da casa causam perda de propriedade dos reclusos
- As árvores espinhosas causarão animosidade com os vizinhos
- Árvores com nozes em frente à casa trarão sofrimento às crianças
- Os coqueiros-rei à volta da casa trarão desarmonia entre os ocupantes

Algumas das árvores acima mencionadas são apresentadas nas figuras seguintes;

Figura 2-8. Coqueiro-rei

Figura 2-9. Plátano

Tanto o coqueiro-rei como a bananeira são árvores ricas em valores económicos, uma vez que os frutos secos podem ser utilizados como alimentos. No mundo moderno, devido à falta de espaços ajardinados, pelo menos estes tipos de árvores não podem ser vistos nos jardins.

Figura 2-10. Árvore de Banyan

Figura 2-11. Árvore Boo

Na verdade, a árvore Boo pode ser vista principalmente em locais religiosos como templos e dificilmente pode ser vista em contextos domésticos. No que diz respeito às figueiras-de-bengala, por serem árvores de grande porte, podem ser vistas em jardins e outros locais públicos.

Figura 2-12. Papaieira

Se considerarmos os aspectos técnicos, nem todas as árvores são adequadas para os jardins da casa. Quando as árvores maciças crescem perto dos alicerces, podem danificar os alicerces com as suas raízes. Alguns insectos nocivos vivem em certas árvores. Quando esse tipo de árvore está no jardim, esses insectos também entram na casa. Embora os conceitos acima referidos tenham sido tecidos com rituais, também têm um significado científico (Koralage Dayarathna, 2010). De qualquer modo, no jardim de qualquer casa devem existir pelo menos várias árvores para dar abrigo e equilibrar as condições da natureza.

2.4.1.4. Atribuição de espaços/quartos dentro de uma casa

De acordo com os costumes e crenças na construção de edifícios, há um lugar específico para cada espaço da casa. A tabela específica denominada "Vaasthu purusha mandala" ilustra a distribuição recomendada dos espaços no interior de uma casa.

O mandala de Vaasthu purusha é o mostrado na figura 2.13;

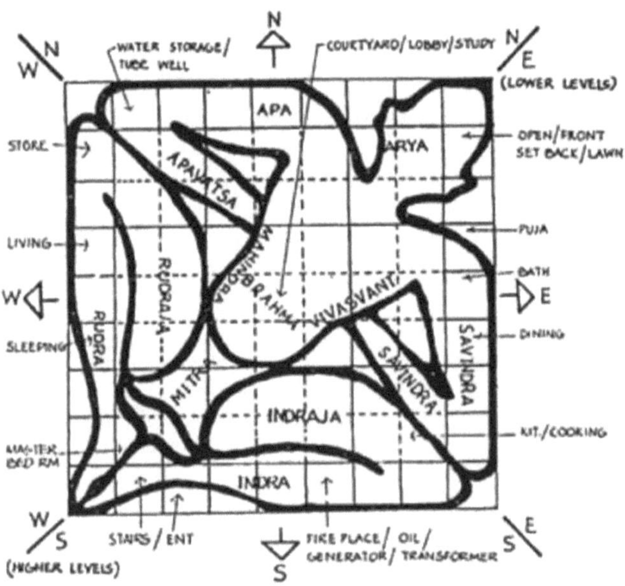

Figura 2-13. Vaasthu-Purusha-Mandala

Seguem-se as divisões específicas que têm de ser colocadas de acordo com as direcções. São elas: (Weerasinghe K.A.B. et al., 2011)

- Nordeste - sala de oração
- Este - casa de banho
- Sudeste - cozinha
- Sul - quarto

• Sudoeste - arsenal

• Oeste - sala de jantar

• Noroeste - estábulos de vacas e locais de habitação de animais

Exceptuando a recomendação anterior, existem algumas excepções e opções que podem ser obtidas. A figura 2-14 ilustra o seguinte: (Koralage Dayarathna, 2010; "Free Vaasthu Books | Download Vaasthu Shastra eBook,"; Ranawaka Leelananda A.R., 2015)

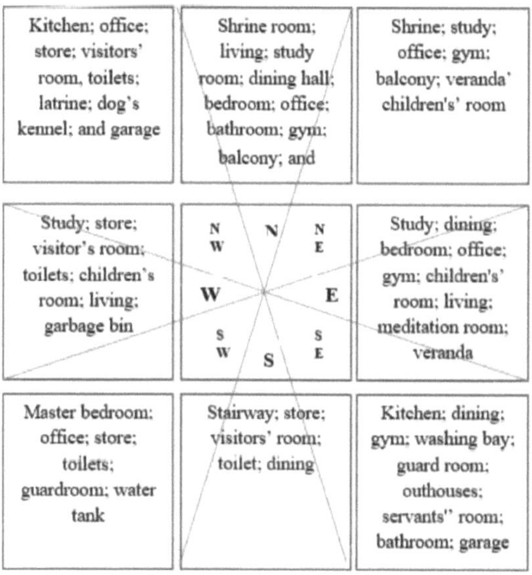

Figura 2-14. Atribuições recomendadas para espaços no interior de uma casa

Cada uma das partes das casas mencionadas na figura será descrita nos próximos tópicos

2.4.1.5. Colocação de paredes

O gráfico que descreve o paada auspicioso é o que se mostra na figura 2.15;

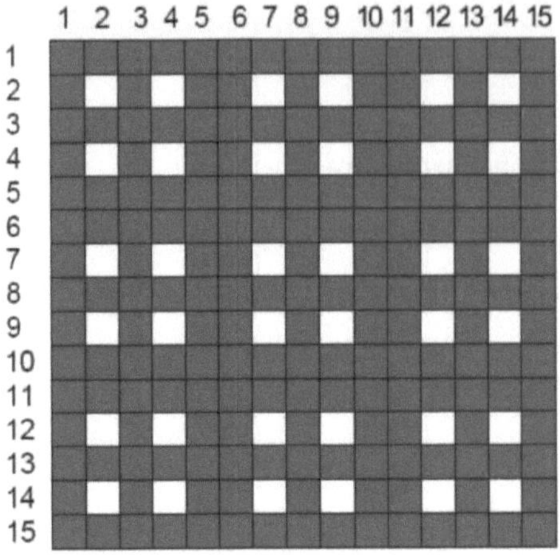

Figura 2-15. Paada auspiciosa

Todas as paredes devem ser colocadas em paada auspiciosa (foram coloridas).

(A paada é criada dividindo o comprimento e a largura máximos em 15 partes, geralmente a largura da paada e o comprimento da paada não são iguais, uma vez que os quadrados não são selecionados como uma forma de plano auspicioso. As paada auspiciosas são 1,3,5,6,8,10,11,13,15 e as paada inauspiciosas são 2,4,7,9,12,14). (Manawadu. S, 2014)

- Não deve ser utilizada qualquer parede transversal em paredes de tijolo (Weerasinghe K.A.B. et al., 2011)

A figura 2.16 mostra a vista de uma parede cruzada;

Figura 2-16. Vista de um painel de parede de tijolo com uma parede transversal

A figura 2.17 mostra a vista de uma parede não atravessada;

Figura 2-17. Vista de um painel de parede de tijolo com uma parede não cruzada

O conceito de parede cruzada tem um aspeto de engenharia e vale a pena admiti-lo. A análise estrutural efectuada para investigar os efeitos das paredes cruzadas será apresentada no próximo volume do livro. O conceito de paada auspiciosa não tem significado de engenharia e provém diretamente da astrologia (Koralage Dayarathna, 2010).

2.4.1.5. Colocação de aberturas (portas, janelas e arcos, etc.)

O principal objetivo das janelas é criar um sistema de ventilação adequado no interior da casa. Isto significa permitir a entrada de ar fresco e a saída de ar poluído da casa. O principal objetivo das portas é proporcionar um acesso adequado à casa e da casa ao exterior. Desde a antiguidade, existem algumas práticas tradicionais relativas à colocação de aberturas. São elas: (Manawadu S., 2014; Weerasinghe K.A.B. et al., 2011)

- Nenhuma porta deve ser colocada ao longo da parede central/principal e nenhuma porta deve ser colocada no centro de uma parede de empena
- A entrada de uma casa virada para oeste é inadequada
- As portas e janelas devem ser colocadas numa paada auspiciosa
- A porta principal deve ser apresentada de forma diferente das outras, em termos

de escala e de decoração

- Três ou mais aberturas (portas/arcos) não devem ser colocadas na mesma fila

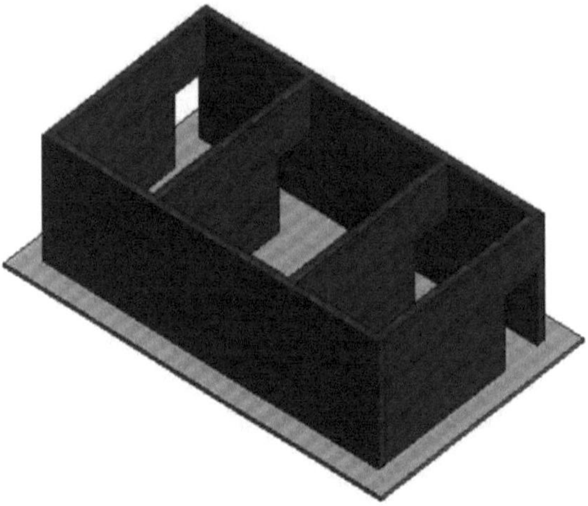

Figura 2-18. Quatro aberturas alinhadas numa mesma fila

- Não deve ser erguida qualquer porta sobre a pedra fundamental cerimonial

- Um número de portas deve ser um valor ímpar e um número de janelas deve ser um valor par. O valor acumulado final das portas e janelas deve ser um valor ímpar

- As portas não devem ser colocadas no início imediato de uma junção em "T"; deve haver um intervalo de, pelo menos, um tijolo

- Não deve haver duas aberturas alinhadas e outras duas aberturas alinhadas que se cruzam perpendicularmente, criando cruzamentos de luz quando a luz passa por essa abertura

2.4.1.6. Construção do telhado

A parte mais importante da casa são os alicerces e a seguir vem o telhado. O telhado proporciona proteção, vista estética e durabilidade a uma casa. Se a estrutura do telhado for fraca, os reclusos podem passar por muitas dificuldades. Por conseguinte, o telhado deve ser construído utilizando as melhores opções de engenharia estrutural e de engenharia civil. Para a construção do telhado, existem também costumes e crenças específicos. São os seguintes: (Frenando W.L.R., 1998; Manawadu S., 2014; Weerasinghe K.A.B. et al., 2011)

- A construção do telhado deve ser iniciada numa altura auspiciosa
- Habitualmente, a crista não deve estar exatamente no centro, deve ser deslocada um pouco do centro
- O número total de cumeeiras, placas de caleira, vigas, escoras e juntas deve ser um número ímpar
- Devem ser evitadas as juntas da placa de cumeeira com um ou três números
- A placa de cumeeira não deve atravessar portas exteriores e não deve ser suportada por um número ímpar de paredes de empena
- As juntas da madre e da ceifeira não devem cair na mesma viga
- As juntas de uma placa de parede não devem ficar acima do caixilho da porta
- Na cobertura de quatro águas, as vigas não devem ser fixadas no ponto de encontro de duas vigas de quatro águas com a cumeeira
- Para uma casa, o telhado inclinado é o mais inadequado e os telhados com cinco ou mais inclinações são os mais adequados

Uma das estruturas do telhado é a mostrada na figura 2.19

Figura 2-19. Estrutura do telhado

2.4.1.7. Planeamento interior de uma casa

O planeamento do interior de uma casa muda em função das necessidades e dos desejos pessoais dos habitantes da casa. Ao organizar as várias divisões dentro da casa, deve ter-se muito cuidado com a iluminação e a ventilação desses espaços. Deve haver um acesso fácil a cada uma das divisões, protegendo a privacidade dos residentes. As divisões não devem ser perturbadas por raios solares, água da chuva, ruídos e cheiros excessivos (provenientes da cozinha, etc.). No mundo moderno, o design de interiores e os conhecimentos de arquitetura são utilizados para organizar o planeamento interior de uma casa. Mesmo para esse efeito, há uma série de costumes e crenças que passam de geração em geração. São os seguintes: (Koralage Dayarathna, 2010; Ranawaka Leelananda A.R., 2015; Manawadu S., 2014; "Sarala Vaasthu in English - Google Search,")

Colocação da cozinha

De acordo com os costumes e crenças da construção civil, a cozinha controla a saúde e a riqueza da família.

Figura 2-20. Cozinha de uma casa contemporânea

As crenças relativas à organização da cozinha são as seguintes

- A cozinha deve ser colocada no canto sudeste da casa e a segunda opção é a direção nordeste
- Para cozinhar, é preferível estar virado para leste

- A cozinha não deve ser colocada por baixo ou por cima da área do santuário (o local utilizado para fins religiosos), da casa de banho ou da cama.
- A cor das paredes e do chão da cozinha deve ser amarelo, laranja, rosa, chocolate ou vermelho, mas não deve ser preto, na medida do possível
- O lava-loiça deve ser colocado a nordeste, a botija de gás a sudoeste ou noroeste, o frigorífico a sudoeste e o frigorífico a noroeste
- Deve haver uma ou duas janelas ou aberturas de ventilação na direção este e oeste da cozinha. Um exaustor neste espaço é útil

Colocação da sala de jantar

Este é um local importante para o estilo de vida quotidiano, uma vez que todos os membros da casa se reúnem na sala de jantar e comem enquanto trocam as suas doces recordações uns com os outros. É por isso que se faz automaticamente um grande esforço para organizar a sala de jantar. Deve ser um local agradável, com ventilação suficiente, luz e espaço adequado.

Figura 2-21. Sala de jantar de uma casa contemporânea

Os costumes e crenças relativos à organização da sala de jantar são; (Koralage Dayarathna, 2010)

- As direcções mais adequadas para a sala de jantar são as direcções oeste, norte e este

- Na sala de jantar, as portas devem estar a leste, oeste ou norte e a porta principal da casa e a porta da sala de jantar não devem estar viradas uma para a outra

- Não deve haver casas de banho anexas à sala de jantar, mas pode haver um local para se lavar (lavatório)

Colocação dos quartos

Este é o local onde as pessoas modernas passam a maior parte do seu tempo quando estão dentro de casa. Hoje em dia, não só a cama, mas também o computador, a mesa de estudo ou de escritório e todos os outros objectos pessoais foram transferidos para o quarto. A principal razão é a falta de espaço dentro de casa. Tal como os outros locais da casa, o quarto também deve ser criado como um local favorável para uma pessoa ou várias pessoas viverem.

Figura 2-22. Quarto de uma casa contemporânea

Há uma série de costumes e crenças relativamente à arrumação dos quartos. São os seguintes: (Koralage Dayarathna, 2010)

- É preferível colocar na direção sul ou oeste

- As camas não devem ser colocadas debaixo de uma placa de cumeeira, de uma viga ou de uma viga de betão e não devem ser colocadas debaixo de uma sanita ou de uma escada

- Se houver uma casa de banho, banheira, sanita, vestiário, etc., anexa ao quarto, deve ficar no lado oeste ou norte do quarto

- O quarto não deve ficar exatamente no meio da casa

Colocação de sanitas, casas de banho e sanitas de água

As sanitas e as casas de banho são os locais associados à água doce e à água poluída. Por conseguinte, a colocação da sanita deve ser feita tendo em conta a colocação de outras divisões, uma vez que pode haver condições de humidade perto de sanitas e casas de banho. Além disso, deve haver um sistema de impermeabilização adequado.

Figura 2-23. Casa de banho de uma casa contemporânea

Para a colocação de sanitas e casas de banho, existem alguns costumes e crenças. São os seguintes: (Manawadu S., 2014; "Sarala Vaasthu in English - Google Search,")

- A sanita, a casa de banho ou o armário de água não devem ser colocados por cima ou por baixo da cozinha ou do quarto

- As casas de banho de uma casa ou edifício nunca devem estar no centro, nos cantos nordeste e sudoeste

- A casa de banho deve estar um ou dois pés mais alta do que o nível normal do solo. A porta da casa de banho deve estar, tanto quanto possível, virada para leste ou para norte

Colocação da sala de estar

A sala de estar ou sala de estar é o local utilizado para receber as visitas e para os membros da família passarem o seu tempo livre. A sala de estar é o maior espaço da casa. Quando alguém entra na casa, fica diretamente com algumas ideias sobre o comportamento e o passado das pessoas que vivem na casa através da aparência e da disposição da sala de estar. Normalmente, a sala de estar é decorada com vários tipos de ornamentos. Os decoradores de interiores envolvem-se para esse efeito.

Figura 2-24. Área de estar de uma casa contemporânea

Existem costumes e crenças especiais relativamente à disposição da sala de estar. As áreas em causa são as seguintes;

- A sala de estar deve ficar na direção leste (deixando o canto sudeste) ou no norte. No entanto, a direção norte é a mais adequada
- Os retratos de pássaros zangados, animais, mulheres, crianças a chorar, cenas de guerras, etc., não devem ser expostos na sala de estar
- Na arquitetura moderna, a altura da sala de estar é duas vezes superior à das outras divisões. Não há mal nenhum em fazê-lo. No entanto, a escada deve ficar a sul, a oeste ou no canto sudoeste da sala
- O mobiliário da sala de estar deve ter uma forma quadrada ou retangular e não deve ser oval ou circular

Colocação da escada

A escada é utilizada para o acesso de um andar a outro. Há várias formas e disposições que podem ser utilizadas para as escadas domésticas. Todas e cada uma dessas disposições devem ser projectadas com recurso à tecnologia de engenharia.

Figura 2-25. Escada de uma casa contemporânea

Para a colocação e a conceção da escada, existem costumes e crenças específicos. São os seguintes;

- Numa casa, as escadas devem ser colocadas a sul, a oeste ou a sudoeste. As escadas não devem ser colocadas no lado nordeste
- O primeiro degrau da escada não deve ser redondo. Se possível, devem ser evitados degraus circulares
- A escada nunca deve estar no centro da casa
- De preferência, ao subir os degraus, a direção deve ser a dos ponteiros do relógio

Disposição dos outros espaços da casa

Para cada um dos espaços da casa, existem costumes e crenças distintos. Alguns dizem respeito à colocação de espaços e outros à colocação de ornamentos no interior dos espaços ou divisões. Seguem-se os costumes e crenças relativos a outros espaços da casa;

- A cisterna subterrânea não deve ser colocada na direção nordeste
- A fossa séptica não deve ser colocada no canto sudeste, nordeste ou sudoeste em nenhuma condição

- A fossa séptica não deve estar diretamente em contacto com a parede do recinto ou com o plinto da casa. Deve estar a pelo menos 1 ou 2 pés de distância da parede do complexo ou da parede do plinto e deve estar a pelo menos 20 pés de distância do poço
- As condutas da casa de banho e da cozinha devem ter uma saída para leste ou para norte
- Os armários de parede devem ser limitados às paredes sul e leste, sendo preferível colocá-los nas paredes sul e oeste
- Nordeste, sudeste e noroeste são as direcções mais adequadas para salas de escritório
- Este, sudeste e norte são as direcções mais adequadas para a colocação da garagem
- Para uma varanda, o sul e o oeste não são bons. O norte e o este são os mais adequados. O telhado da varanda deve ser alargado, baixando a altura do beiral
- A direção norte não é adequada para, casas de banho, quarto de empregados e árvores altas
- A direção nordeste não é adequada para a porta principal, a garagem, as escadas, as fossas de lixo, as ferramentas de eliminação de resíduos, os tanques suspensos, os terrenos mais altos, os escombros na paisagem, a cozinha, a casa de banho, o quarto principal e as árvores altas
- A direção sudeste não é adequada para a porta principal, o quarto principal e a sala de estar
- A direção sul não é adequada para, sala de estar, cave, poço e varanda
- A direção sudoeste não é adequada para: quarto de visitas, cozinha, quarto de empregados, porta principal, cave, varanda e casas de banho
- A direção oeste não é adequada para, varanda e cave
- A direção noroeste não é adequada para, porta principal, quarto principal e poço

Acima mencionados estão os principais costumes e crenças relativos à atribuição dos espaços dentro das casas e à colocação de ornamentos nesses espaços atribuídos. Estes costumes e crenças foram transmitidos de geração em geração desde o tempo dos nossos antepassados, uma vez que estavam relacionados com a vida quotidiana das pessoas. Alguns costumes e crenças apresentam algum tipo de significado de engenharia e outros dependem apenas de crenças tradicionais.

Repercussões decorrentes da não obediência às crenças

No entanto, as pessoas não gostam de retirar todos esses costumes e crenças. A razão é que esses costumes e crenças dizem que, se alguém não obedecer às regras desses costumes e crenças, as repercussões podem ser graves para as pessoas que habitam a casa. Seguem-se algumas das repercussões e as razões. (Koralage Dayarathna, 2010; "Free Vaasthu Books | Download Vaasthu Shastra eBook,"; free Vaasthu Shastra.com, Ranawaka Leelananda A.R, 2015; Manawadu. S, 2014)

- Quando há uma porta no meio de uma parede de empena, a boa reputação das pessoas que vivem na casa perde-se

- Se a cozinha estiver na direção nordeste, o stress mental das pessoas aumenta e podem sofrer grandes perdas. Se a cozinha estiver na direção sudoeste, a vida em casa torna-se difícil devido a conflitos. Se a cozinha estiver na direção noroeste, as despesas aumentam. A cozinha a norte é mais perigosa e as despesas aumentam para além das expectativas

- Quando há um quarto de dormir do lado norte, se alguém dormir com a cabeça virada para leste ou para sul, essa pessoa pode desfrutar de um sono tranquilo

- Se o quarto de dormir se situar na direção sudeste do edifício principal, isso resulta em discussões desnecessárias entre o marido e a mulher. As despesas supérfluas aumentam e é preciso enfrentar um ou outro tipo de problemas. Pode ser utilizado como escritório ou para o quarto de um filho solteiro

- O nordeste é a direção das divindades, por isso, nenhum quarto deve estar nesta direção. Caso contrário, a pessoa tem de enfrentar muitas calamidades, a doença aumenta. Se um casal dormir no quarto a nordeste, terá de enfrentar doenças duradouras

- Dormir com as pernas viradas para leste dá nome, fama e prosperidade. Dormir com as pernas viradas para oeste dá paz mental e aumenta o gosto pelo espiritualismo. Dormir com as pernas viradas para norte aumenta a riqueza e a prosperidade
- Quando a fossa séptica se encontra na direção norte, provoca a perda de dinheiro. Quando estiver na direção nordeste, causará perda de negócios
- As varandas nunca devem estar a Sul e a Oeste. Se assim for, ao fim da tarde ou à noite, a família não deve coscuvilhar aí nem falar alto
- Em caso de falta de espaço e de espaço livre, as escadas podem ser construídas a sudeste ou a noroeste. Pode afetar ligeiramente a saúde das crianças
- O quarto, onde terminam os degraus do sudoeste, não deve ser ocupado por ninguém. Se o fizer, ficará doente, terá problemas respiratórios, a circulação sanguínea tornar-se-á lenta e sofrerá de uma doença para a qual será difícil obter medicamentos
- Quando há paredes cruzadas na casa, os reclusos sofrerão sempre de doenças e problemas e as catástrofes atingi-los-ão regularmente
- Quando há duas ou mais portas alinhadas em casa, os reclusos podem sempre enfrentar várias dificuldades
- Quando há uma coluna em frente à porta principal, pode causar stress ao dono da casa e a sua morte súbita

2.5. Resultados finais da revisão da literatura

Os costumes e crenças mais comuns identificados e as razões para acreditar neles são os seguintes

1. Não utilizar paredes transversais na construção de paredes de tijolo

As razões para acreditar no que precede são as seguintes;

- Reduz a resistência da ligação e provoca fissuras facilmente

- Não se adequa ao aspeto estético
- Traz resultados adversos para o proprietário e para os habitantes da casa

2. Não colocar três ou mais aberturas (portas ou arcos) na mesma fila, perpendiculares a uma parede.

As razões para acreditar no que precede são as seguintes;

- Perturba a correta circulação do ar no interior da casa
- Reduz a resistência da parede principal
- Traz resultados adversos para o proprietário e para os habitantes da casa
- O dinheiro não se poupa numa casa com três ou mais aberturas
- Leva a brigas entre marido e mulher

3. Não perturbar a parte do chão do centro exato da casa (não permitir que o local central exato da casa seja pisado por pessoas)

As razões para acreditar no que precede são as seguintes;

- Reduz a vida útil da casa
- Traz resultados adversos para o proprietário e para os habitantes da casa
- Traz um prejuízo económico para a família
- Diminui o tempo de vida dos habitantes da casa

4. Não ter mais janelas na direção oeste (janelas viradas para oeste).

As razões para acreditar no que precede são as seguintes;

- Não se adequa ao aspeto estético da casa
- Permite que o brilho do sol da tarde entre diretamente na casa
- Aumenta a temperatura interior da casa em qualquer altura
- Traz resultados adversos para o proprietário e para os habitantes da casa

5. Não ter varandas viradas a poente, terraços no telhado ou varandas.

As razões para acreditar no que precede são as seguintes;

- Não se adequa ao aspeto estético da casa
- Ao fim da tarde, pode ser um incómodo para as pessoas que estão a descansar nas varandas, devido ao sol forte do fim da tarde
- Traz maus resultados para o proprietário e para os habitantes da casa

6. Não ter nenhuma placa de parede ou viga em cima das aberturas (portas, janelas e arcos).

As razões para acreditar no que precede são as seguintes;

- Traz maus resultados para o proprietário e para os habitantes da casa
- Não se adequa ao aspeto estético da casa
- Aumenta a possibilidade de fissuras junto às aberturas

7. Não ter muros ou alicerces, etc., sobre a pedra fundamental cerimonial.

As razões para acreditar no que precede são as seguintes;

- Traz maus resultados para o proprietário e para os habitantes da casa
- Traz um prejuízo económico para a família
- Reduz a resistência da fundação

A lista de crenças acima mencionada é composta pelas crenças que são normalmente utilizadas na construção de casas. Mas não foram enumeradas por qualquer ordem. Para encontrar as crenças mais utilizadas e mais enraizadas na sociedade, de acordo com a percentagem de aceitação pelas pessoas na sociedade, foi feito um inquérito por questionário pormenorizado. Este será descrito no próximo capítulo.

CAPÍTULO 3

3.1. Introdução ao questionário surevy

A pesquisa bibliográfica permitiu identificar uma série de costumes e crenças na construção de edifícios. A maior parte deles baseia-se nos conceitos e crenças "Vaasthu e Feng-Shui" que passaram de geração em geração. Entre essas crenças, sentiu-se muito a importância de investigar as crenças aplicadas na prática, especialmente no sector da construção de casas no Sri Lanka. Estas foram descobertas através de um inquérito por questionário aos profissionais da construção civil.

De acordo com as discussões com profissionais do sector da construção, verificou-se que os costumes e as crenças não são seriamente considerados na construção de edifícios em grande escala, mas são altamente aplicados na construção de casas em todo o país. Por conseguinte, foi considerado importante concentrarmo-nos nas construções de pequena escala no Sri Lanka.

Os profissionais envolvidos na indústria da construção de casas no Sri Lanka podem ser classificados como Planeadores de casas, Engenheiros, Arquitectos, Astrólogos, Pedreiros, Carpinteiros, Canalizadores e outros Fornecedores de serviços. Quando se considera a sua contribuição para a construção de casas, verifica-se que cada um deles tem crenças diferentes relativamente à sua secção especializada. Por isso, ter ideias sobre as suas crenças também foi considerado importante.

Os costumes e crenças aplicados à construção de edifícios também dependem das diferentes localizações do país. São zonas rurais, zonas urbanas, zonas baixas, zonas altas, zonas do norte e zonas do sul, de acordo com as diferentes culturas, religiões e raças (Koralage Dayarathna, 2010).

3.2. Objectivos

O principal objetivo do inquérito por questionário consistia em identificar os costumes e as crenças mais frequentemente aplicados na construção de casas no Sri Lanka entre as crenças que surgiram no estudo da literatura. Os objectivos específicos do inquérito por questionário são os seguintes

- Ter uma ideia realista dos costumes e crenças mais utilizados na construção de casas
- Para ter uma ideia clara da popularidade dessas crenças entre os intervenientes na construção de habitações
- Selecionar as crenças que podem ser estudadas mais profundamente utilizando a tecnologia de engenharia

3.3. Metodologia

O inquérito por questionário foi efectuado através de reuniões com profissionais (carpinteiros, pedreiros, astrólogos) envolvidos na construção de edifícios e das suas respostas a um questionário estruturado impresso. Para as pessoas como engenheiros, arquitectos, etc., foi feita uma sessão de questionário online do mesmo questionário estruturado utilizando o Google docs. O questionário foi anexado no Apêndice A

3.3.1. Seleção da amostra

Foram tidas em conta 210 pessoas, incluindo pelo menos 30 pessoas para cada categoria principal; as categorias principais são as seguintes

- 75 número de engenheiros civis
- 45número de arquitectos
- 30número de astrólogos
- 30número de maçons
- 30número de Carpinteiros

É óbvio que os engenheiros civis e os arquitectos não estão muito interessados nos conceitos Vaasthu. Para obter um resultado mais fiável, foi selecionada uma amostra maior destes grupos. Outra amostra (30 pessoas) foi selecionada de acordo com a dimensão mínima favorável da amostra no que respeita ao Teorema do Limite Central. A amostra foi selecionada de acordo com as variações culturais e de localização no Sri Lanka. Normalmente, nos estaleiros de construção, há vários trabalhadores de diferentes locais do país, pelo que foram consideradas pessoas de várias construções. A nível regional (zonas altas, baixas, norte e sul)

O inquérito foi realizado através de encontros com pessoas de acordo com as especificações acima referidas e do registo das suas ideias sobre costumes e crenças na construção de edifícios, utilizando um questionário em linha. Foi partilhado um questionário com cada uma das pessoas e as suas respostas foram registadas.

3.4. Resultados

Através da revisão da literatura, foram identificadas sete crenças principais relativamente à construção de edifícios. Estas foram testadas no inquérito por questionário. As crenças que foram analisadas no inquérito por questionário são as seguintes

- Não utilizar paredes transversais para paredes de tijolo
- Não construir três ou mais aberturas (portas ou arcos) na mesma fila perpendicular a uma parede
- Não perturbar o centro exato da casa
- Não ter mais janelas para a direção oeste
- Não ter varandas ou terraços virados a oeste
- Não ter o caibro ou a viga em cima das aberturas (portas, janelas e arcos)
- Não erguer muros ou alicerces, etc., sobre a pedra fundamental cerimonial

Em primeiro lugar, as crenças selecionadas foram classificadas por ordem decrescente. A classificação das crenças por ordem decrescente devido às respostas de uma amostra selecionada de pessoas é apresentada na figura 3-1.

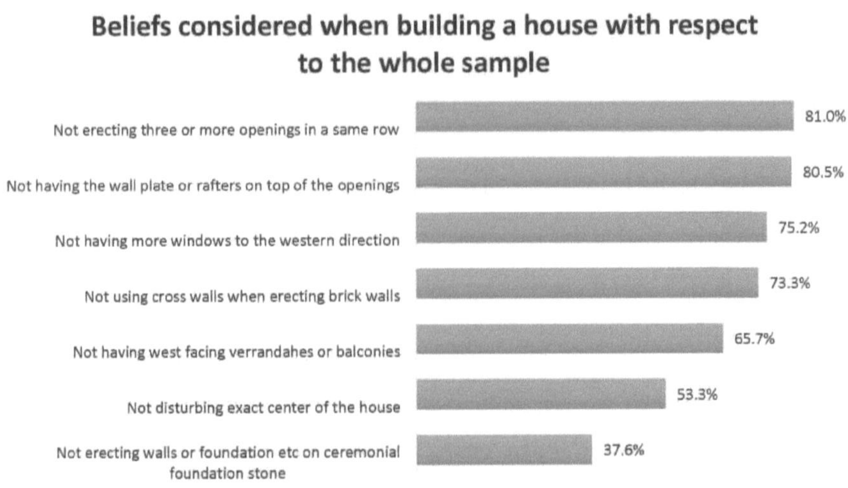

Figura 3-1. Crenças consideradas na construção da casa em relação a toda a amostra

O gráfico acima indica que as crenças mais utilizadas na construção da casa, por ordem decrescente, são as seguintes

1. Não ter três ou mais aberturas alinhadas numa mesma fila perpendicular à mesma parede
2. Não colocar qualquer viga, travessa, etc. exatamente em cima das aberturas
3. Não ter mais janelas para a direção oeste
4. Não utilizar paredes transversais na construção de paredes de tijolo
5. Não ter varandas ou terraços virados para oeste

Em seguida, foi analisado o carácter de aceitação das crenças em relação aos profissionais específicos. Esses resultados são apresentados na Figura 3-2. A descrição da legenda do gráfico é a seguinte.

1. Não ter o caibro ou a viga em cima das aberturas (portas, janelas e arcos)
2. Não construir três ou mais aberturas (portas ou arcos) na mesma fila
3. Não ter mais janelas para a direção oeste

4. Não utilizar paredes transversais para paredes de tijolo
5. Não perturbar o centro exato da casa
6. Não ter varandas ou terraços virados a oeste
7. Não erguer muros ou alicerces, etc., sobre a pedra fundamental cerimonial

Os gráficos mostram claramente que o menor interesse pelos costumes e crenças tradicionais na construção de casas se encontra nos engenheiros civis e arquitectos.

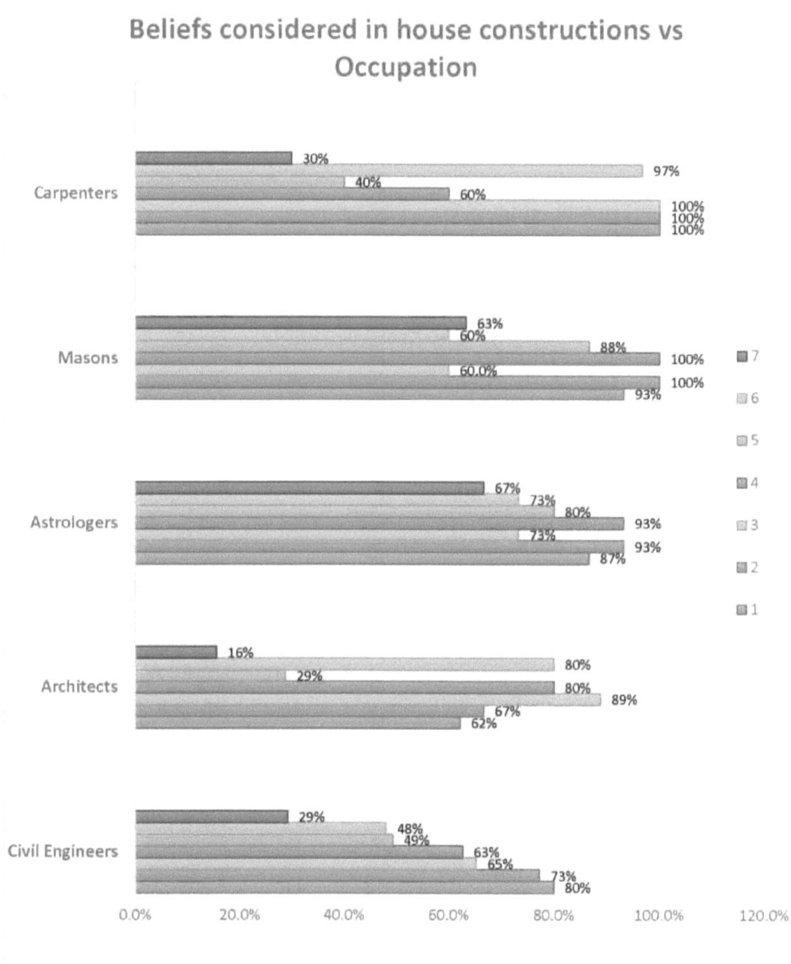

1. Não ter viga, viga em cima das aberturas (portas, janelas e arcos)
2. Não construir três ou mais aberturas (portas ou arcos) na mesma fila
3. Não ter mais janelas para a direção oeste
4. Não utilizar paredes transversais para paredes de tijolo
5. Não perturbar o centro exato da casa
6. Não basear varandas ou sacadas viradas a oeste
7. Não erguer muros ou alicerces, etc., sobre a pedra fundamental cerimonial

Figura 3-2. Crenças consideradas na construção de casas vs. ocupação

De acordo com os resultados do questionário, foram tidas em conta quatro crenças principais (eram as crenças mais comummente aplicadas na construção de casas). São as seguintes;

- Não construir três ou mais aberturas (portas ou arcos) na mesma fila
- Não ter a viga, o caibro, etc. em cima das aberturas
- Não ter mais janelas para a direção oeste
- Não utilizar paredes transversais para paredes de tijolo

Vale a pena investigar a influência das quatro crenças principais acima referidas através da utilização de tecnologia de engenharia moderna e essa experiência de engenharia será apresentada no próximo volume deste livro. Segue-se uma análise mais aprofundada das crenças selecionadas em relação às profissões.

3.4.1. Análise para os intervenientes na construção de edifícios

3.4.1.1. Análise para Engenheiros Civis

(Cada resultado é expresso em percentagem da amostra total de engenheiros civis, 75nr)

As crenças sobre a construção de casas consideradas pelos engenheiros civis estão em ordem ascendente, como mostra a Figura 3-3

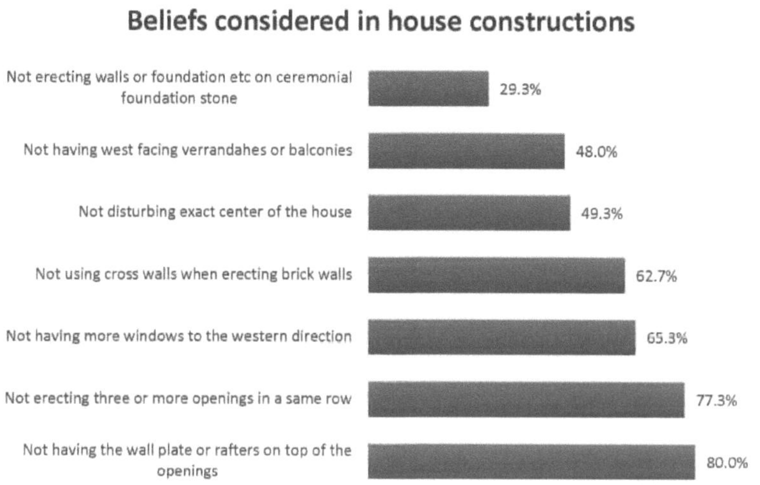

Figura 3-3. Crenças consideradas na construção de casas

A figura 3-4 mostra as razões para não construir três ou mais aberturas numa mesma fila.

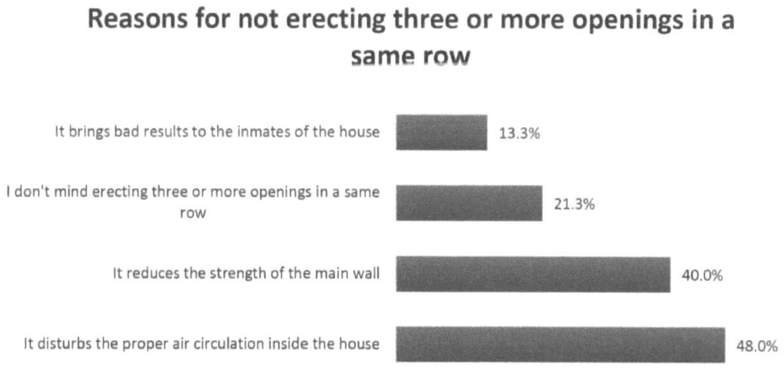

Figura 3-4. Razão para não construir três ou mais aberturas na mesma fila

A Figura 3-5 mostra as razões para não colocar a viga ou o caibro no topo das aberturas.

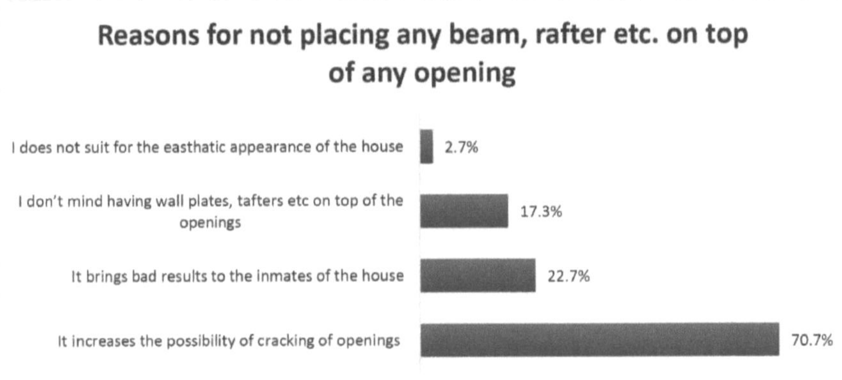

Figura 3-5. Razão para não colocar qualquer placa de parede, viga, etc. no topo de qualquer abertura

A Figura 3-6 mostra as razões para não haver mais janelas na direção oeste.

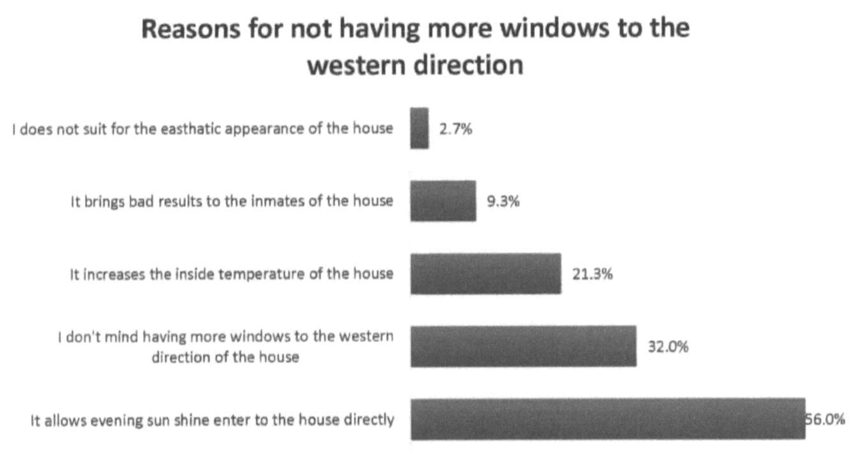

Figura 3-6. Razão para não ter mais janelas na direção oeste

A Figura 3-7 mostra as razões para não ter paredes transversais para paredes de tijolo

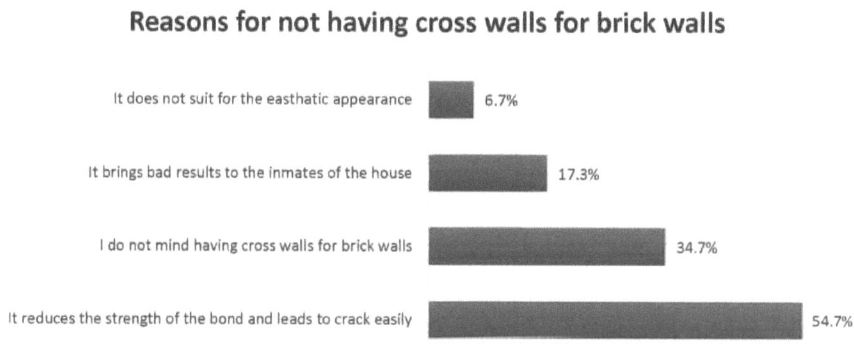

Figura 3-7. Razão para não ter paredes transversais para paredes de tijolo

Os engenheiros civis são as pessoas que aprendem matérias como a tecnologia da construção, a conceção de estruturas e muitas outras. Além disso, utilizam-nas na prática. É correto dizer que "vivem com elas". No inquérito por questionário, a grande maioria dos engenheiros civis analisou os costumes e as crenças na construção de casas, utilizando os seus conhecimentos práticos de engenharia civil. Dificilmente se fiam em crenças tradicionais como "vai fazer-te mal, vai perturbar a prosperidade da tua família", etc.

O resultado final da análise é que os engenheiros civis utilizaram conhecimentos racionais de engenharia no caso de considerarem os costumes e crenças da construção de casas.

3.4.1.2. Análise para arquitectos

(Cada resultado é expresso em percentagem do total de arquitectos da amostra, 45nr)

As crenças sobre a construção de habitações que foram consideradas pelos arquitectos, por ordem ascendente, são apresentadas na Figura 3-8.

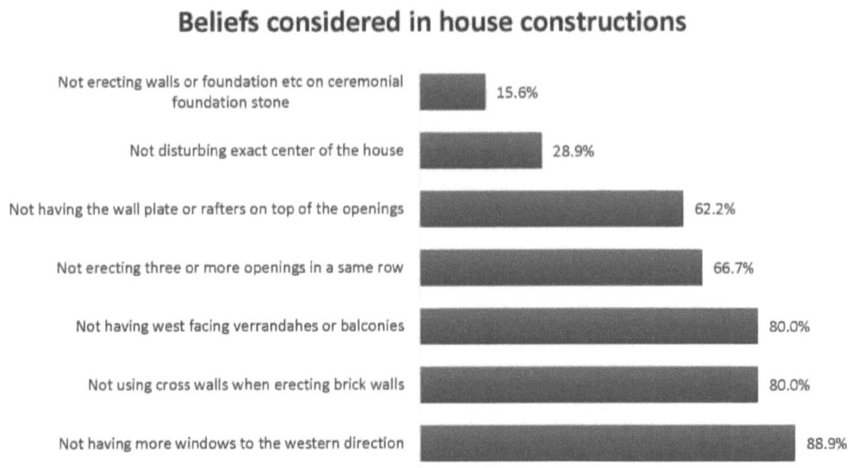

Figura 3-8. Crenças consideradas na construção de casas

A figura 3-9 mostra as razões para não construir três ou mais aberturas seguidas.

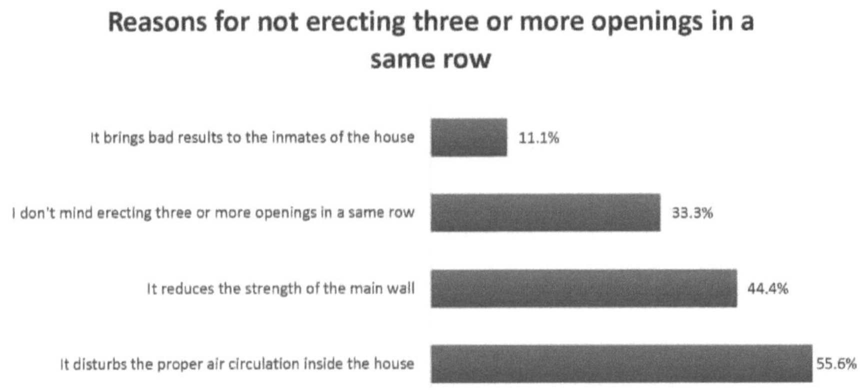

Figura 3-9. Razão para não construir três ou mais aberturas na mesma fila

A Figura 3-10 mostra as razões para não colocar a viga ou o caibro no topo das aberturas.

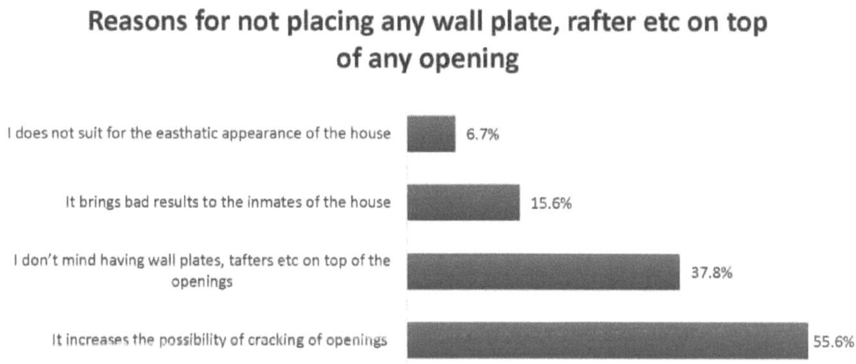

Figura 3-10. Razão para não colocar qualquer placa de parede, viga, etc. em cima de qualquer abertura

A Figura 3-11 mostra as razões para não ter mais janelas na direção oeste.

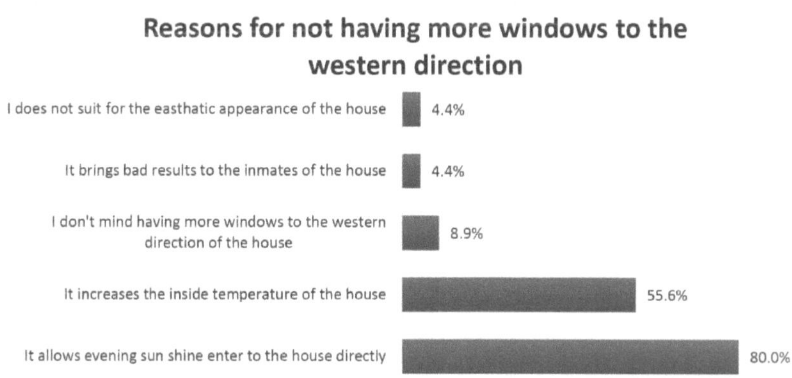

Figura 3-11. Razão para não ter mais janelas na direção oeste

A Figura 3-12 mostra as razões para não utilizar paredes transversais para paredes de tijolo.

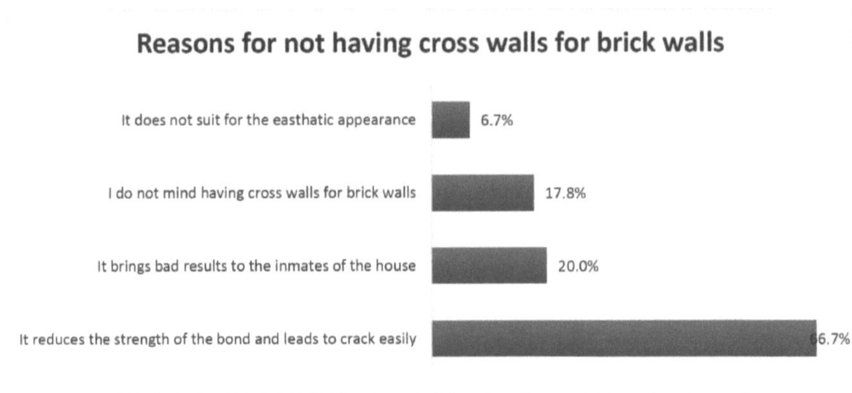

Figura 3-12. Razão para não ter paredes transversais para paredes de tijolo

Os arquitectos são as pessoas que aprendem muitas áreas de estudo relacionadas com a arquitetura. Além disso, utilizam-nas na prática. No inquérito por questionário, a grande maioria dos arquitectos analisou os costumes e crenças na construção de casas, utilizando os seus conhecimentos práticos de engenharia civil e arquitetura. Dificilmente mantiveram a sua fé em crenças tradicionais como "vai fazer-te adoecer, vai perturbar a prosperidade da tua família", etc.

O resultado final da análise é que os arquitectos também utilizaram conhecimentos racionais de engenharia no caso de considerarem os costumes e crenças da construção de casas.

3.4.1.3. Análise para astrólogos

(Cada resultado é expresso em percentagem da amostra total de astrólogos, 30nr)

As crenças sobre a construção de casas consideradas pelos astrólogos, por ordem ascendente, são apresentadas na figura 3-13

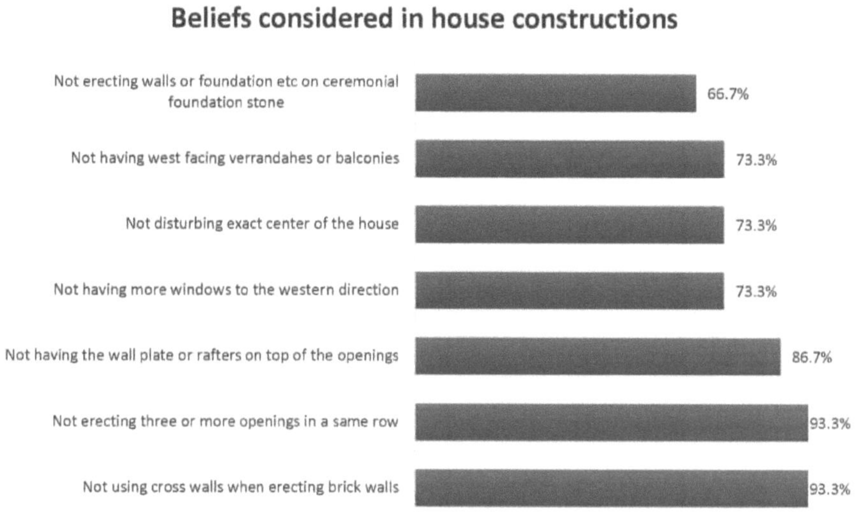

Figura 3-13. Crenças consideradas na construção de casas

A figura 3-14 mostra as razões para não construir três ou mais aberturas em linha.

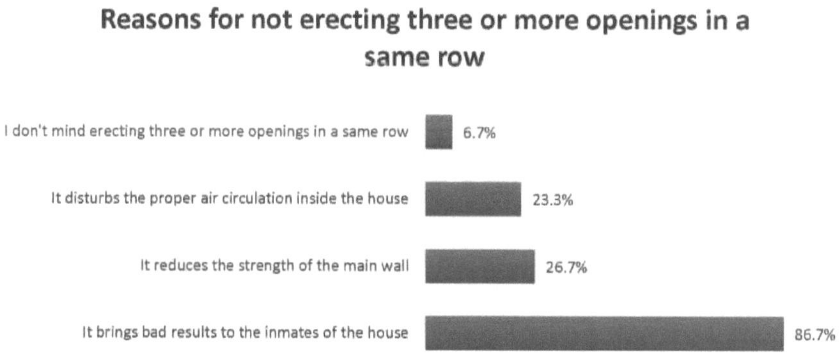

Figura 3-14. Razões para não construir três ou mais aberturas na mesma fila

A Figura 3-15 mostra as razões para não colocar a viga ou o caibro no topo das aberturas.

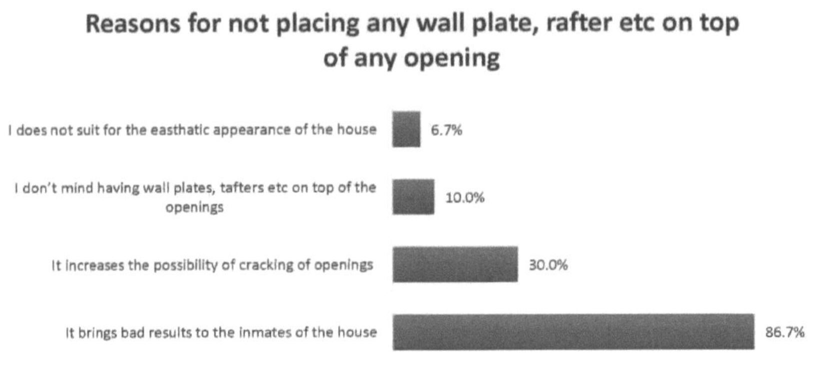

Figura 3-15. Razões para não colocar qualquer placa de parede, viga, etc. em cima de qualquer abertura

A Figura 3-16 mostra a razão de não haver mais janelas na direção oeste.

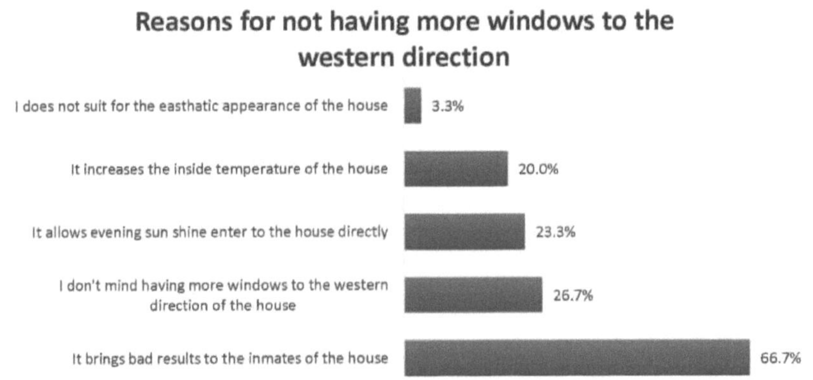

Figura 3-16. Razões para não ter mais janelas na direção oeste

A Figura 3-17 mostra as razões para não utilizar paredes transversais para paredes de tijolo.

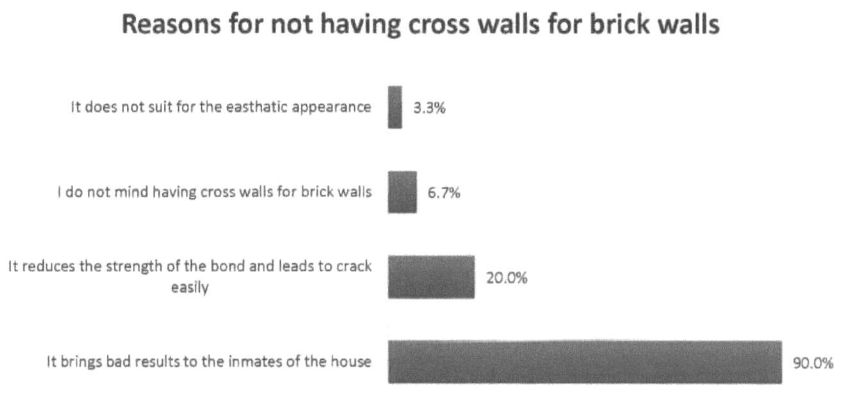

Figura 3-17. Razões para não ter paredes transversais para paredes de tijolo

Os astrólogos são as pessoas que se ocupam de algum tipo de actividades relacionadas com Vaasthu. Normalmente, utilizam os conhecimentos que herdaram de geração em geração e que provêm dos seus livros antigos. De acordo com os resultados do questionário, os astrólogos têm em conta os costumes e as crenças na construção de casas em relação aos seus conhecimentos astrológicos. Dificilmente consideraram conceitos científicos e de engenharia.

O resultado da análise é que os astrólogos utilizaram os seus conhecimentos tradicionais baseados no Vaasthu Shastra e no Feng-Shui no evento em que abraçaram os costumes e crenças na construção de casas e raramente olharam para os aspectos de engenharia.

3.4.1.4. Análise para maçons

(Cada resultado é apresentado em percentagem da amostra total de pedreiros, 30nr)

As crenças sobre a construção de casas consideradas pelos pedreiros, por ordem ascendente, são , como mostra a Figura 3-19

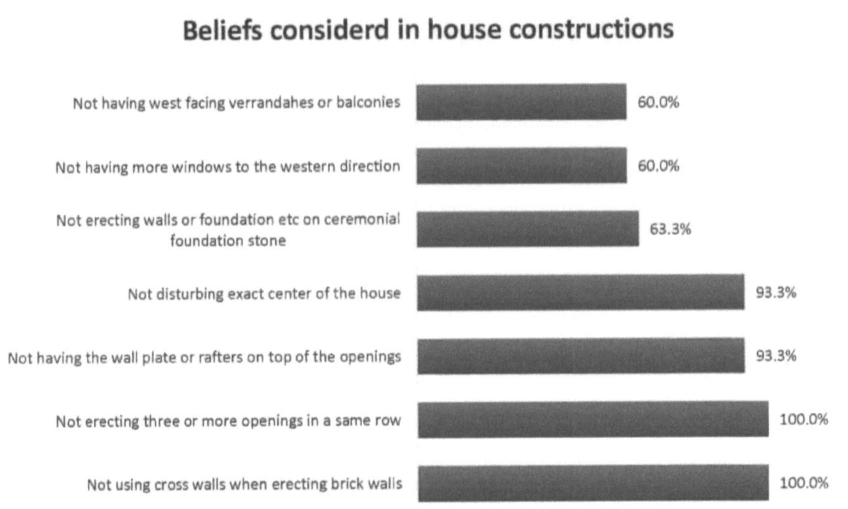

Figura 3-18. Crenças consideradas na construção de casas

A figura 3-19 mostra as razões para não construir três ou mais aberturas na mesma fila.

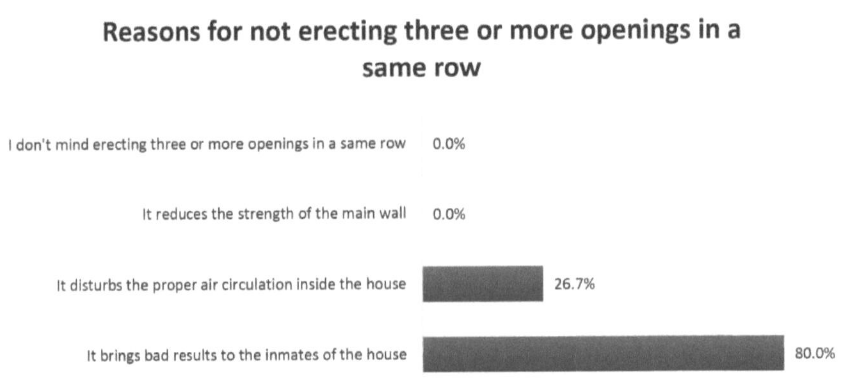

Figura 3-19. Razões para não construir três ou mais aberturas na mesma fila

A Figura 3-20 mostra as razões para não colocar a viga ou o caibro no topo das aberturas.

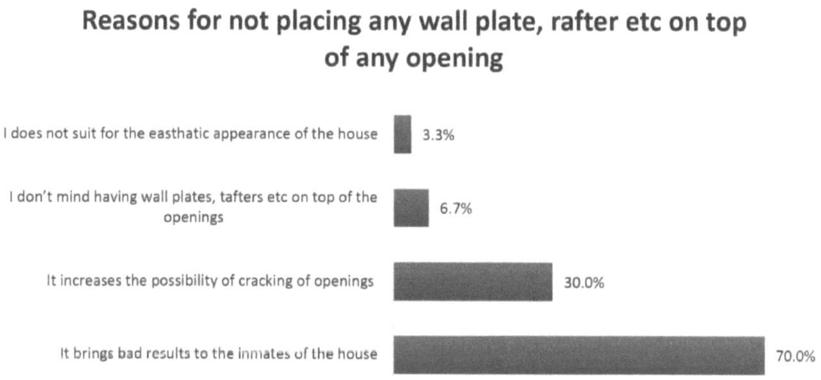

Figura 3-20. Razões para não colocar uma placa de parede, uma viga, etc., em cima de uma abertura

A Figura 3-21 mostra as razões para não haver mais janelas na direção oeste.

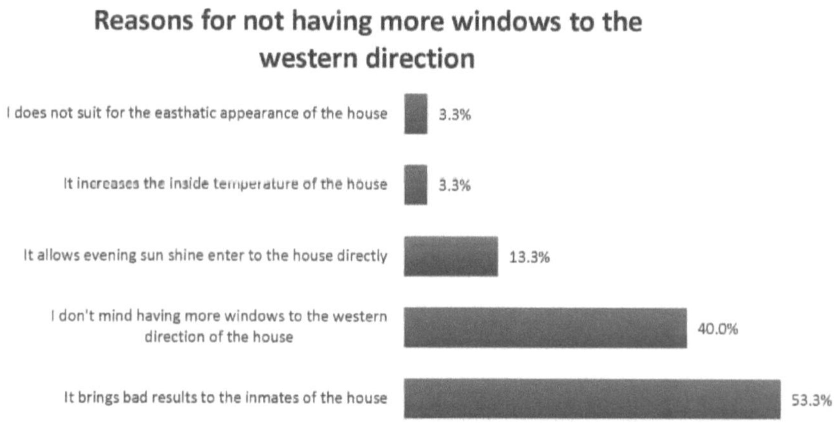

Figura 3-21. Razões para não ter mais janelas na direção oeste

A Figura 3-22 mostra as razões para não utilizar paredes transversais para paredes de tijolo.

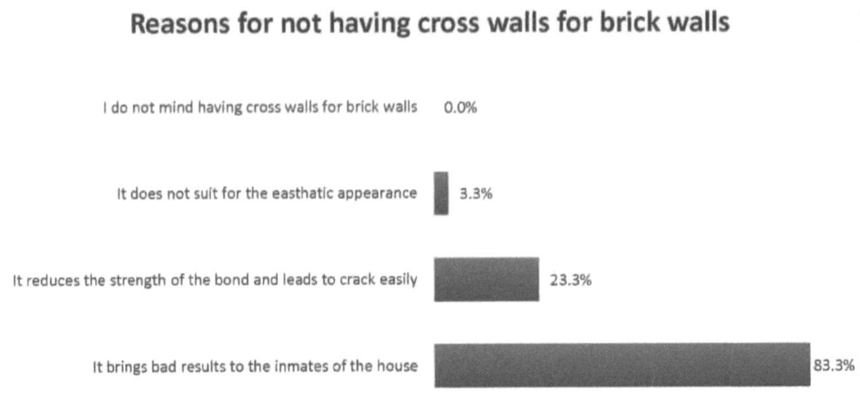

Figura 3-22. Razões para não ter paredes transversais para paredes de tijolo

De facto, os pedreiros não são pessoas técnicas. Mas, atualmente, os pedreiros também recebem formação profissional. Mas todos e cada um dos pedreiros utilizados no estudo eram pedreiros comuns. Fazem o seu trabalho com a sua prática. Os resultados mostram que não pensam em conhecimentos técnicos racionais no que respeita aos costumes e crenças da construção de casas e ao seu significado em termos de engenharia.

O resultado da análise é que os pedreiros utilizaram os seus conhecimentos tradicionais baseados em experiências habituais no evento em que consideram os costumes e crenças na construção de casas.

3.4.1.5. Análise para Carpinteiros

(Cada resultado é expresso em percentagem da amostra total de carpinteiros 30 nr)

As crenças sobre a construção de casas consideradas pelos carpinteiros, por ordem ascendente, são apresentadas na Figura 3-23;

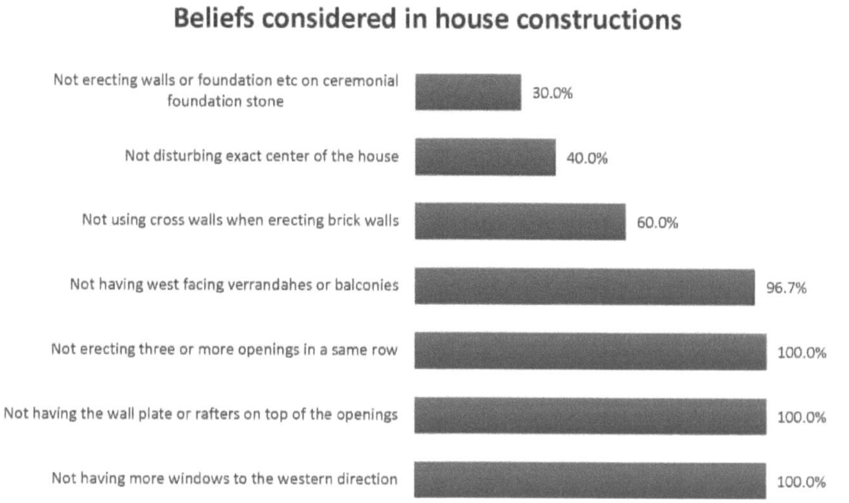

Figura 3-23. Crenças consideradas na construção de casas

A figura 3-24 mostra as razões para não construir três ou mais aberturas na mesma fila.

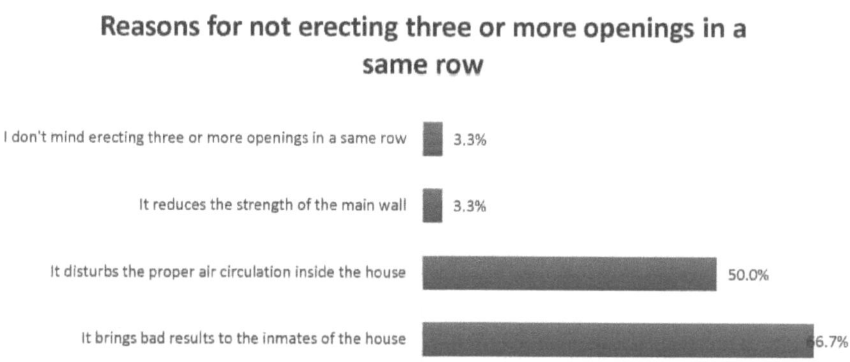

Figura 3-24. Razões para não construir três ou mais aberturas na mesma fila

A Figura 3-25 mostra as razões para não colocar a viga ou o caibro no topo das aberturas.

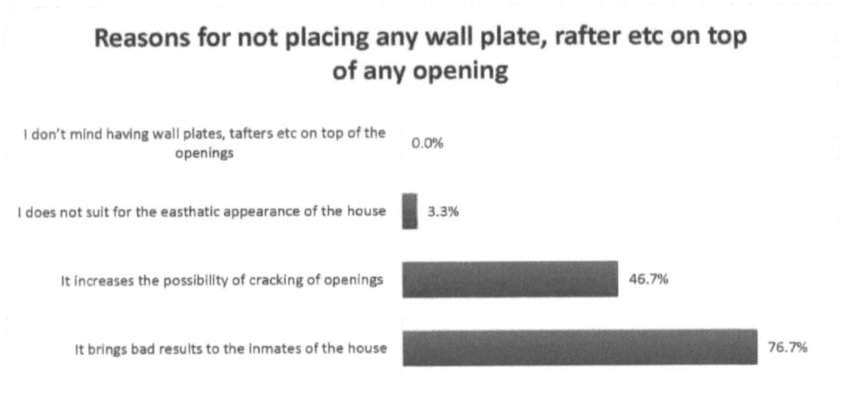

Figura 3-25. Razões para não colocar uma placa de parede, uma viga, etc., em cima de uma abertura

A Figura 3-26 mostra as razões para não ter mais janelas na direção oeste.

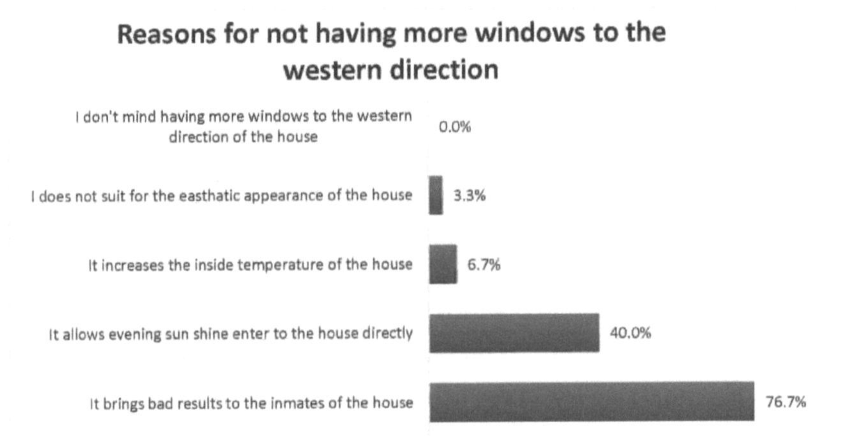

Figura 3-26. Razões para não ter mais janelas na direção oeste

A Figura 3-27 mostra as razões para não utilizar paredes transversais para paredes de tijolo

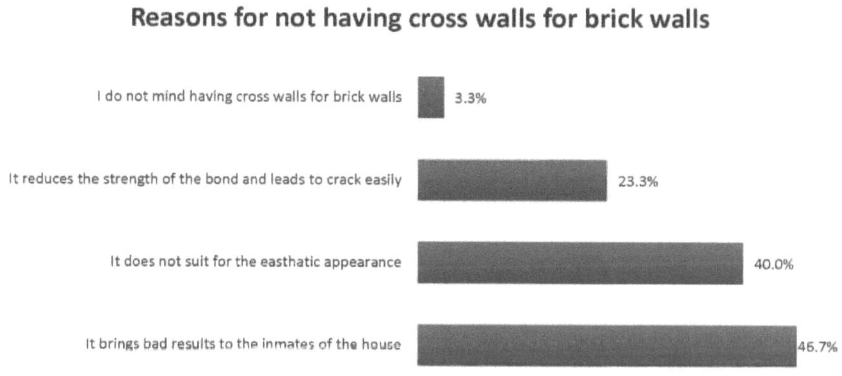

Figura 3-27. Razões para não ter paredes transversais para paredes de tijolo

De facto, os carpinteiros também não são pessoas técnicas. Mas atualmente os carpinteiros também recebem uma formação profissional. Mas todos os carpinteiros utilizados no estudo eram pedreiros comuns. Fazem o seu trabalho com a sua prática. Os resultados mostram que não pensam em conhecimentos técnicos racionais no que respeita aos costumes e crenças da construção de casas e ao seu significado em termos de engenharia.

O resultado da análise é que os carpinteiros utilizaram os seus conhecimentos tradicionais baseados em experiências habituais no evento que consideram os costumes e crenças na construção de casas.

3.4.2. Resultados finais do inquérito por questionário

O objetivo do inquérito por questionário era identificar os costumes e as crenças mais frequentemente aplicados na construção de casas no Sri Lanka. Os resultados foram obtidos a partir do questionário recolhido com base numa amostra de 210 pessoas, incluindo 75 engenheiros civis, 45 arquitectos, 30 astrólogos (especialistas em Vaasthu), 30 carpinteiros e 30 pedreiros. O inquérito por questionário revelou que 68% das pessoas acreditam nos conceitos tradicionais da construção civil e 32% não acreditam. De cada categoria, 61% dos Engenheiros Civis, 27% dos Arquitectos, 97% dos Astrólogos, 100% dos Pedreiros e 97% dos Carpinteiros acreditam nos conceitos tradicionais. Alguns mantiveram a sua fé em mais do que uma crença e mencionaram mais do que uma razão para as admitir. Foram tidas em conta as quatro principais crenças.

Da amostra considerada, 81% das pessoas rejeitaram ter três ou mais aberturas alinhadas e ter placas de parede, vigas, etc. em cima das aberturas (portas, arcos e janelas), 75% das pessoas não utilizaram mais janelas viradas para oeste e 73% das pessoas optaram por não ter junções de paredes cruzadas para paredes de tijolo. Por conseguinte, as quatro crenças principais selecionadas são as seguintes

- Não construir três ou mais aberturas (portas ou arcos) na mesma fila
- Não ter a viga, o caibro, etc. em cima das aberturas
- Não ter mais janelas para a direção oeste
- Não utilizar paredes transversais para paredes de tijolo

As razões para admitir não ter três ou mais vagas alinhadas, no que respeita à amostra de profissionais considerada, são as apresentadas na figura 3.28.

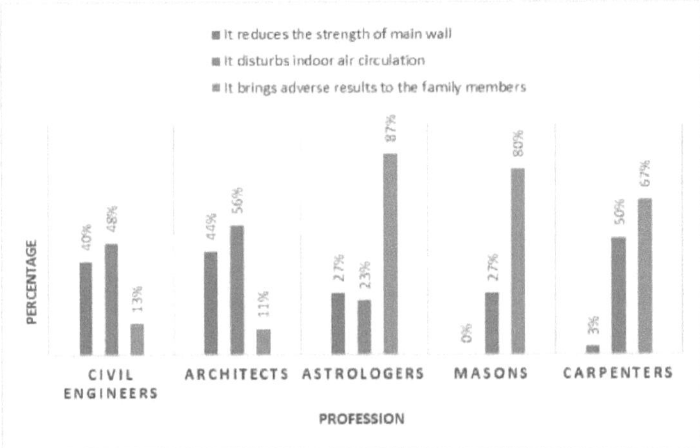

Figura 3-28. Razões para não ter três ou mais aberturas alinhadas

As razões para admitir não ter placas de parede, vigas no topo das aberturas, no que diz respeito à amostra de profissionais considerada, são as apresentadas na figura 3.29.

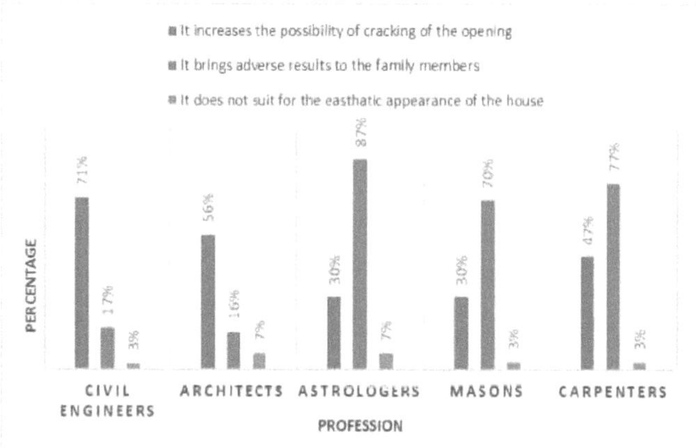

Figura 3-29. Razões para não ter placas de parede, vigas no topo das aberturas

As razões para admitir não ter mais janelas viradas a poente, no que respeita à amostra de profissionais considerada, são as apresentadas na figura 3.30.

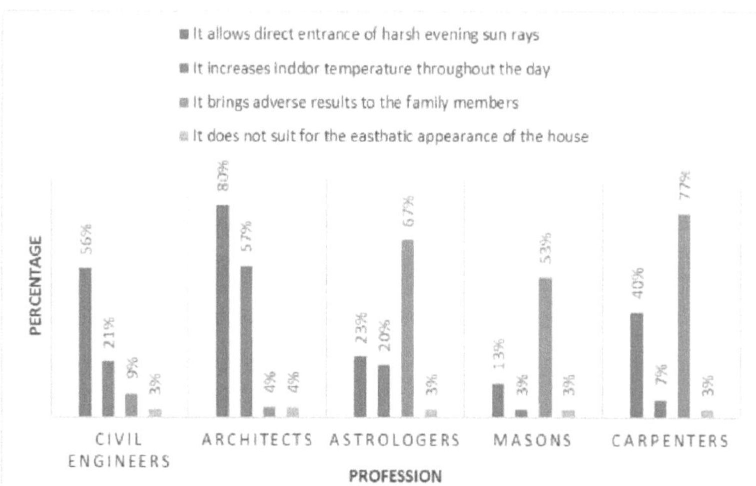

Figura 3-30. Razões para não ter mais janelas viradas para oeste

As razões para admitir a não utilização de junções transversais para paredes de tijolo, no que diz respeito à amostra de profissionais considerada, são as apresentadas na figura 3.31.

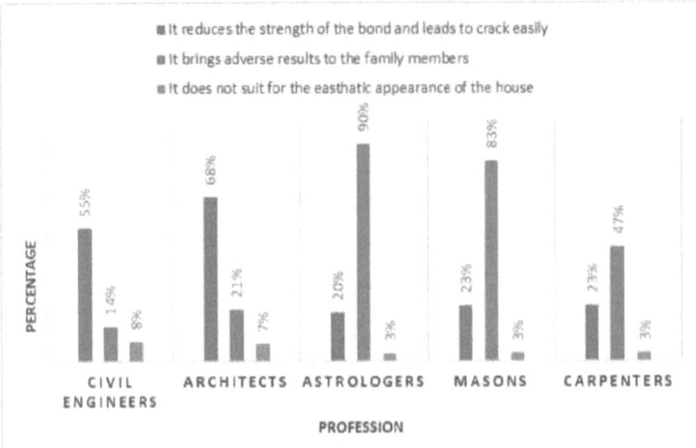

Figura 3-31. Razões para não utilizar junções transversais para paredes de tijolo

Entre a amostra de partes interessadas consideradas, todos os Engenheiros Civis e Astrólogos eram licenciados (em Engenharia Civil ou Arquitetura), os Astrólogos estavam entre o nível ordinário e o nível de licenciatura (normalmente em Artes), mas dificilmente e os Pedreiros ou Carpinteiros tinham pelo menos o nível ordinário. Isto revela que os engenheiros civis e os arquitectos são as pessoas que adquiriram estruturas bem estruturadas e conhecimentos racionais sobre a construção de edifícios.

A aceitação, a rejeição e as razões para admitir essas crenças dependiam principalmente da formação académica e profissional das pessoas. Os resultados do questionário revelaram que 97% dos astrólogos, 100% dos pedreiros e 97% dos carpinteiros consideravam os costumes e crenças tradicionais em termos de actividades relacionadas com a construção civil. A razão comum para admitirem estas crenças foi o facto de não as admitirem poderem trazer resultados adversos para os membros da família. Estes resultados adversos podem ser perdas económicas, discussões entre os membros da família, doenças perigosas, acidentes infelizes que acabam em morte, etc. Este tipo de razões não são racionais em termos de engenharia nem de explicações científicas, mas dependem totalmente do comportamento oculto e supersticioso do Vaasthu Shastra. No caso dos engenheiros civis e dos arquitectos, a situação é totalmente diferente. 61% dos engenheiros civis e 27% dos arquitectos referiram que acreditam em crenças tradicionais na construção civil, sendo o aspeto mais importante as razões que os levam a admiti-las. A maioria dos Engenheiros Civis e Arquitectos considerou a violação da circulação do ar interior e a variação de tensão da parede principal (o alinhamento da parede principal é o indicado na figura 3.32.) como as razões para não utilizar três ou mais aberturas alinhadas.

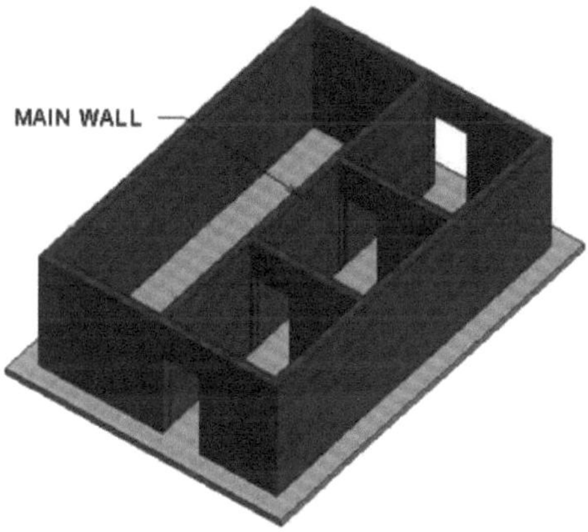

Figura 3-32. Alinhamento da parede principal (quatro aberturas são perpendiculares a ela)

Consideraram a variação de tensão perto das aberturas (como mostra a figura 3.33.) como a principal razão para não colocar a placa de parede, viga, travessa, etc. exatamente em cima das aberturas.

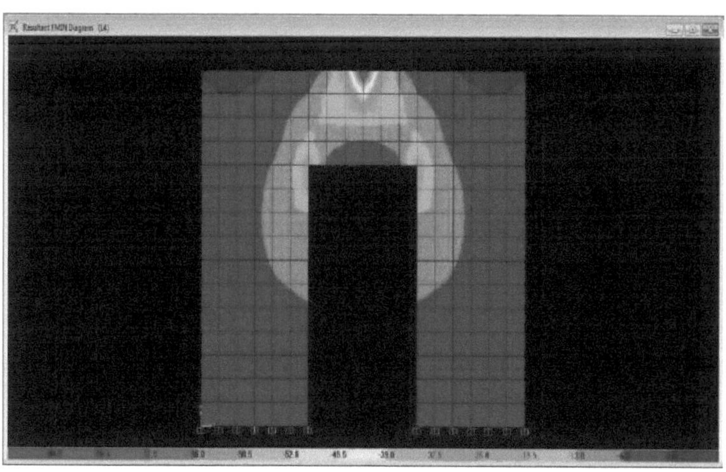

Figura 3-33. Contornos de tensão perto das aberturas devido a uma carga concentrada no topo

A resistência do padrão de ligação foi considerada por eles como a principal razão para não se efectuarem junções de paredes cruzadas para paredes de tijolo. A figura 3.34 mostra uma parede com e sem uma parede transversal.

Figura 3-34. Uma parede com uma junção de parede transversal e uma parede sem uma junção de parede transversal

A principal razão para não ter mais janelas na direção oeste foi o conforto térmico da casa à noite. A variação das tensões na parede principal e na proximidade das aberturas e a resistência dos padrões de ligação podem ser simuladas pelo método dos elementos finitos, as variações da circulação do ar interior podem ser simuladas por teorias de dinâmica dos fluidos e modelos de dinâmica dos fluidos computacional e o conforto térmico da casa pode ser analisado por modelos de AVAC. Por isso, as respostas da maioria deles para cada um dos cenários foram racionais em termos de tecnologia de engenharia e teorias científicas.

3.4.3. Conclusão

As crenças mais populares na construção de edifícios, por ordem decrescente, eram: não ter três ou mais aberturas alinhadas numa fila sã, não ter placas de parede, caibros, etc. diretamente em cima das aberturas, não ter mais janelas viradas para oeste e não usar junções de paredes cruzadas para paredes de tijolo. Quando as pessoas se tornam mais instruídas, olham para essas crenças de uma forma racional e, quando não são assim, tratam-nas utilizando apenas a herança de geração em geração. Embora os Engenheiros Civis e os Arquitectos tenham atendido à aceitação dessas crenças com os respectivos conhecimentos de Engenharia e Científicos, os Astrónomos, os

Pedreiros e os Carpinteiros atenderam-nas apenas utilizando as suas opiniões e ideias gerais transmitidas de geração em geração. Tornar-se escravo dessas crenças, aceitando-as cegamente, levará à destruição de tempo e dinheiro, o ideal é admitir as crenças que contêm significado de Engenharia e Científico e utilizá-las em aplicações do mundo real de uma forma abrangente.

3.4.4. Trabalhos futuros

Os efeitos das quatro crenças selecionadas serão analisados utilizando tecnologia de engenharia com o auxílio de modelos de elementos finitos (MEF), modelos de dinâmica de fluidos computacional (CFD) e modelos de aquecimento, ventilação e ar condicionado (HVAC). Esses resultados e o significado para a engenharia das crenças selecionadas serão apresentados de forma exaustiva no próximo volume deste livro.

Referências

13 superstições sobre casa e lar. (2013, 13 de setembro). Recuperado em 12 de fevereiro de 2016, de http://www.realestate.com.au/blog/13-superstitions-about-house- and-home/

101 dicas rápidas de Vastu para harmonizar sua casa. (n.d.). Obtido de

https://www.scribd.com/book/269471083/101-Quick-Vastu-Tips-To- Harmonize-Sua-Casa

Acharya, P. K. (1946). *An encyclopaedia of Hindu architecture.* Londres: Oxford University Press. Recuperado de

http://archive.org/details/encyclopaediaofh07achauoft

Amarasooriya, R. D. (n.d.). *Vaasthu Vidyanukula gruha nirmanaya* (10ª ed.). M.D. Gunasena pvt.ltd.

Aponso Kithsiri. (1995, maio). *A study of Superstitions and their Scientific backgrounds involved in Traditional Architecture* (Dissertação de estudos sociais apresentada como tema à Universidade de Moratuwa Sri Lanka e ao Royal Institute of British Architests para o exame final em B. Sc (B.E) e exame da parte II em R.I.B.A.). Universidade de Moratuwa, Faculdade de Arquitetura.

Arya, R. (2000). *Vaasthu: A Arte Indiana da Colocação: Projetar e Decorar Casas para Refletir Princípios Espirituais Eternos*. Inner Traditions / Bear & Co.

Chakrabarti, V. (1998). *Teoria da Arquitetura Indiana: Contemporary Uses of Vastu Vidya*. Psychology Press.

Coote, I. C. (1883). A Building Superstition. *The Folk-Lore Journal, 1*(1), 23-24. https://doi.org/10.1080/17442524.1883.10602633

Dash, N., & Vasudev, G. D. (1998). *Vastu, Astrologia e Arquitetura: Papers Presented at the First All India Symposium on Vastu, Bangalore, Held on June 3-4, 1995*. Motilal Banarsidass Publ.

Livros de Vastu grátis | Descarregar o livro eletrónico Vastu Shastra. (n.d.).

Recuperado em 14 de fevereiro de 2016, de http://www.freevastuShastra.com/download_free_ebooks.html

vastu Shastra.com gratuito. (n.d.). *Vastu- for- House*. Recuperado de http://www.freevastuShastra.com

Frenando W.L.R. (1998, 21 de abril). *Interpretação das crenças tradicionais na arquitetura doméstica através do conceito moderno* (Um ensaio de história e estudos sociais apresentado à Universidade de Moratuwa para o exame final em B.Sc (Ambiente Construído)). Universidade de Moratuwa, Departamento de Arquitetura.

Glazer, N. (1978). "Superstition" and social policy. *Regional Studies, 12(5),* 619-628. https://doi.org/10.1080/09595237800185561

Guptha, M. S. (2015). A relação de Nav Grah com Aachitecture. *JORNAL DE PESQUISA ACADÊMICA INTERNACIONAL PARA MULTIDISCIPLINAR*, *Volume 3,* (Edição 3). Recuperado de

https://www.google.lk/url?sa=t&rct=j&q=&esrc=s&source=web&cd=1&ved=0ahUKEwiv9s-uuOHQAhUBlZQKHd2zCpEQFggaMAA&url=http%3A%2F%2Fwww.jiarm.com%2FApril2015%2Fpaper21892&usg=AFQjCNFt08Jp6e7itwRe0pfkhNpLXRQOjg&sig2=gx-4_aA_NrE-dGfHEs8YuA&cad=rja

Huang, E.-Y. (2012). Comparando o que fazer e os tabus nas tradições arquitectónicas do Feng-Shui chinês e do Vastu-Shastra indiano. *ResearchGate.* Retrieved from https://www.researchgate.net/publication/254807763_Comparing_the_do's_taboos_in_Chinese_Feng-Shui_and_Indian_Vastu- Shastra_architectural_traditions

Koralage Dayarathna (2010). *Vidyathmaka Paadanamak Matha Vastu Shilpaya.* Sarasavi Publishers.

Koranteng, C., Afram, S. O., & Ayeke, E. (2015). Uma revisão sobre os sete princípios da arquitetura. *Revista Internacional de Investigação e Desenvolvimento em Engenharia*, *Volume 11*(Issue 11), PP.27-34.

Mak, M. Y., & Thomas Ng, S. (2005). A arte e a ciência do Feng Shui - um estudo sobre a perceção dos arquitectos. *Building and Environment*, *40*(3), 427-434. https://doi.org/10.1016/j.buildenv.2004.07.016

Manawadu S. (2014, junho). *Impacto do vastu Shastra na conceção de edifícios (aplicações actuais)*. Palestra para licenciatura apresentada na Palestra para licenciados, Universidade de Moratuwa, Sri Lanka.

Nehru, J. (1930). *Letters from a father to his daughter: being a brief account of the early days of the world written for children (Cartas de um pai para a sua filha: um breve relato dos primeiros tempos do mundo escrito para crianças)*. Allahabad: Kitabistan.

Patra, R. (2006). A Comparative Study on Vaasthu Shastra and Heidegger's 'Building, Dwelling and Thinking'. *Asian Philosophy, 16(3),* 199-218. https://doi.org/10.1080/09552360600979430

Patra, R. (2009). Vaasthu Shastra: Towards Sustainable Development. *ResearchGate*, *17*(4), 244-256. https://doi.org/10.1002/sd.388

Ranawaka Leelananda A.R. (2015). *Vaasthu Vidyawa* (Primeira Edição). Publicações Wasana, Dankotuwa.

Ranjeet.P, Narshima Rao.D.V.S., & Md. Akram Ullah Khan. (2016). Vastu na construção no ponto de vista da Engenharia Civil. *Revista Internacional de Pesquisa em Engenharia e Tecnologia*, *5*(4), 102-106.

Rudski, J. (2003). Em que é que uma pessoa "supersticiosa" acredita? Impressões dos participantes. *The Journal of General Psychology*, *130*(4), 431-445. https://doi.org/10.1080/00221300309601168

Sarala vastu em inglês - Pesquisa Google. (n.d.). Recuperado em 17 de fevereiro de 2016, de https://www.google.com/search?q=advanced+vastu&ie=utf-8&oe=utf-8#q=saral+vastu+in+english

Ulusoy, M., & Kuyrukcu, E. Y. (2012). O Significado e a Importância da Arquitetura Tradicional no Ensino da Arquitetura; Modelo da Escola de inverno de Gonen.

Procedia - Social and Behavioral Sciences, *47*, 2120-2126. https://doi.org/10.1016/j.sbspro.2012.06.960

Wattage Jeewa Bhanumathie. (1995, maio). *An Examination of Indian influence in Sinhalese Architecture* (Dissertação apresentada para o exame da Parte II em Arquitetura do Royal Institute of British Architects e para o exame de Mestrado em Arquitetura da Universidade de Moratuwa). Universidade de Moratuwa, Faculdade de Arquitetura.

Weerasinghe K.A.B., Janaka K.G., & Galappaththi M.P. (2011). *Superstition in building construction and their engineering significance* (Relatório de licenciatura apresentado para cumprimento parcial do grau de B.Sc Engineering (hons)). Universidade de Moratuwa, Sri Lanka.

Apêndice - i

Inquérito sobre os costumes e crenças da construção civil

Escolha a sua seleção e introduza-a nas caixas de verificação; pode haver mais do que uma escolha para uma pergunta

1) Qual é a sua profissão?

Engenheiro civil Arquiteto Astrólogo Carpinteiro Pedreiro

2) Qual é o seu estatuto educativo?

□ Licenciado

□ A/L

□ O/L

□ Menos de O/L

3) Qual é o vosso principal sistema de transporte?

Automóvel

Carrinha

Bicicleta a motor

Sistema de transportes públicos

4) Qual é o estado da sua casa?

□ Casa térrea ○ Casa de dois andares

5) Acredita nos conceitos tradicionais quando constrói uma casa?

Sim

Não

6) Se não acredita nos conceitos Vaasthu, qual é a razão para isso?

de baixo para cima?

Os conceitos tradicionais estão desactualizados.

Não conseguimos encontrar a tecnologia Vaasthu exacta hoje.

□ É preferível utilizar a Engenharia Civil e a Arquitetura para a construção de edifícios.

Três ou mais aberturas na mesma fila, perpendiculares a uma parede e a uma parede

transversal

7) Quais são os factores a ter em conta na construção de uma casa?

☐ Não utilizar paredes transversais para paredes de tijolo.

☐ Noterecção de três ou mais aberturas na mesma fila perpendicular a uma parede .

☐ Não perturbar o lugar do chão do centro exato da casa.

☐ Não ter mais janelas para a direção oeste.

☐ Com terraços, varandas e sacadas virados a poente.

☐ Não colocar a placa de parede ou as vigas em cima das aberturas. (portas, janelas e arcos)

☐ Noterecting walls or foundation etc. on the ceremonial foundation stone.

8) Se não se utilizam paredes transversais para paredes de tijolo, qual é a razão para isso a partir de baixo?

☐ Reduz a resistência da ligação e provoca facilmente fissuras.

☐ Traz maus resultados para os habitantes da casa.

☐ Não se adequa ao aspeto estético.

Não me importo de ter paredes transversais em vez de paredes de tijolo.

9) Se não se fizerem três ou mais aberturas na mesma fila, perpendiculares a uma parede, qual é a razão para isso a partir de baixo?

☐ Perturba a circulação correta do ar no interior da casa.

☐ Reduz a resistência da parede principal.

☐ Perturba a privacidade dos habitantes da casa.

☐ Traz maus resultados para os habitantes da casa.

Não me importo de erigir três ou mais aberturas na mesma fila.

10) Se não se perturba o local do chão do centro exato da casa, qual é a razão para isso a partir de baixo?

[ ] Reduz o tempo de vida da casa.

[ ] Traz maus resultados para os habitantes da casa.

[ ] Acarreta prejuízos económicos para os habitantes da casa.

[ ] Faz adoecer o dono da casa.

Não me importo de erigir três ou mais aberturas na mesma fila.

11) Se não forem utilizadas mais janelas na direção oeste da casa , qual é a razão para isso a partir de baixo?

[ ] Não se adequa ao aspeto estético da casa.

[ ] Permite que a luz do sol da tarde entre diretamente na casa.

[ ] Aumenta a temperatura interior da casa.

[ ] Traz maus resultados para os habitantes da casa.

[ ] Não me importo de ter mais janelas na direção oeste da casa.

12) Se não se constroem terraços, varandas e balcões virados para o lado ocidental, qual é a razão para isso a partir de baixo?

[ ] Não se adequa ao aspeto estético da casa.

[ ] Ao fim da tarde, a luz do sol pode perturbar os reclusos.

[ ] Traz maus resultados para os habitantes da casa.

[ ] não me importo de ter varandas viradas a poente, terraços no telhado e varandas.

13) Se não se coloca nenhuma placa de parede, viga, etc. em cima de nenhuma abertura, qual é a razão para isso a partir de baixo?

[ ] Traz maus resultados para os habitantes da casa.

[ ] Não se adequa ao aspeto estético da casa.

[ ] Aumenta a possibilidade de fissuração das aberturas.

Não me importo de ter placas de parede, vigas em cima das paredes.

14) Se não se erigir nenhuma coluna, fundação, etc. sobre a pedra de fundação cerimonial , qual é a razão para isso?

☐ Traz maus resultados para os habitantes da casa.

☐ Acarreta prejuízos económicos para os habitantes da casa.

☐ Reduz a resistência da fundação.

☐ Não me importo de erigir alicerces sobre a pedra fundamental cerimonial.

MIX
Papier aus verantwortungsvollen Quellen
Paper from responsible sources
FSC® C105338

Printed by Books on Demand GmbH, Norderstedt / Germany